听专家田间讲课

TIANYINGTAO
ZAIPEI CAISE
JINGJIE

甜樱桃
栽培彩色精解

王玉宝　编著

U0380894

中国农业出版社

图书在版编目（CIP）数据

甜樱桃栽培彩色精解／王玉宝编著． —北京：中
国农业出版社，2018.4
（听专家田间讲课）
ISBN 978-7-109-23867-1

Ⅰ.①甜… Ⅱ.①王 Ⅲ.①樱桃－果树园艺 Ⅳ.
① S662.5

中国版本图书馆CIP数据核字（2018）第010797号

中国农业出版社出版
（北京市朝阳区麦子店街18号楼）
（邮政编码 100125）
责任编辑 石飞华

北京通州皇家印刷厂印刷 新华书店北京发行所发行
2018年4月第1版 2018年4月北京第1次印刷

开本：880 mm×1230 mm 1/32 印张：4.875
字数：135千字
定价：29.00元
（凡本版图书出现印刷、装订错误，请向出版社发行部调换）

出版说明

保障国家粮食安全和实现农业现代化，最终还是要靠农民掌握科学技术的能力和水平。为了提高我国农民的科技水平和生产技能，向农民讲解最基本、最实用、最可操作、最适合农民文化程度、最易于农民掌握的种植业科学知识和技术方法，解决农民在生产中遇到的技术难题，中国农业出版社编辑出版了这套"听专家田间讲课"丛书。

把课堂从教室搬到田间，不是我们的最终目的，我们只是想架起专家与农民之间知识和技术传播的桥梁；也许明天会有越来越多的我们的读者走进校园，在教室里聆听教授讲课，接受更系统、更专业的农业生产知识与技术，但是"田间课堂"所讲授的内容，可能会给读者留下些许有用的启示。因为，她更像是一张张贴在村口和地头的明白纸，让你一看就懂，一学就会。

本套丛书选取粮食作物、经济作物、蔬菜和果树等作物种类，一本书讲解一种作物或一种技能。作者站在生产者的角度，结合自己教学、培训和技术推广的实践

经验，一方面针对农业生产的现实意义介绍高产栽培方法和标准化生产技术，另一方面考虑到农民种田收入不高的实际问题，提出提高生产效益的有效方法。同时，为了便于读者阅读和掌握书中讲解的内容，我们采取了两种出版形式，一种是图文对照的彩图版图书，另一种是以文字为主插图为辅的袖珍版口袋书，力求满足从事农业生产和一线技术推广的广大从业者多方面的需求。

期待更多的农民朋友走进我们的田间课堂。

2016年6月

前　言

　　甜樱桃，又称大樱桃、欧洲甜樱桃，是北方果树中上市最早的果品，有"春果第一枝"之称。其色泽鲜艳，玲珑晶莹，果肉多汁，甜酸可口，营养丰富，外观和内在品质皆佳，备受消费者青睐，被誉为"果中珍品"。

　　甜樱桃发育期短，保护地栽培还能提早1～2个月上市，在调节鲜果市场、满足人们生活需要方面起着重要作用。在当前我国鲜果价格普遍下降的时候，甜樱桃价格一直稳中有升，经济效益可观，成为栽培效益最高的水果之一，果农栽培积极性较高。

　　甜樱桃虽然在我国各地栽培历史很短，但发展很快，从最初的环渤海地区，发展到沿陇海铁路和兰新铁路两侧的山西、河南、陕西、甘肃、青海、新疆等，甚至发展到自然条件不太适宜的上海、安徽、江苏、浙江和云南、四川、贵州的高海拔地区，全国种植面积达15万公顷。然而各地管理水平参差不齐，很多地方发展虽快但管理落后，严重影响了广大果农的经济效益和栽培积极性。

　　山东省临朐县从20世纪90年代开始种植甜樱桃，

发展迅速，目前栽培面积已超过6 600公顷，其中保护地栽培面积超过2 600公顷。笔者1995年毕业于华中农业大学园艺系果树专业，一直从事果树技术推广工作，积累了比较丰富的理论和实践经验。本书是在全国各地果农栽培管理经验的基础上，结合笔者及各地专家研究成果编写而成，以"土肥水管理是基础，花果管理是关键，病虫害防治是保障，合理修剪是调整"为思路，力求贴近生产实际，可操作性强，通俗易懂，希望对广大果农具有较好的借鉴意义。

由于笔者水平有限，不妥和错误在所难免，恳请各位专家和广大果农批评指正。

王玉宝

2017年12月于山东临朐

目录

出版说明

前言

第一讲　概况 ································· 1

一、樱桃的营养价值 ·················· 1

二、樱桃栽培历史与分布 ············ 2

三、我国甜樱桃栽培与分布 ········· 3

四、甜樱桃的市场前景 ·············· 4

五、国内外甜樱桃发展概况 ········· 5

第二讲　甜樱桃生长特性 ··············· 7

一、植物学特征 ······················ 7

二、年生长周期及特点 ·············· 11

三、对环境条件的要求 ·············· 17

第三讲　甜樱桃优良品种 ··············· 22

红灯　/　22

美早　/　23

布鲁克斯

　（冰糖脆）/　23

萨米脱　/　24

含香（俄八）/　25

红蜜　/　25

先锋　/　26

拉宾斯　/　26

雷尼　/　26

早大果　/　27

桑提那　/　27

黑珍珠　/　28

佳红　/　28

明珠　/　29

晚红珠　/　29

红南阳 / 29　　　　　　早红宝石 / 32

福星 / 30　　　　　　　胜利 / 32

福辰 / 30　　　　　　　友谊 / 32

佐藤锦 / 30　　　　　　奇好 / 33

宾库 / 31　　　　　　　斯坦拉 / 33

意大利早红
　（莫瑞乌） / 31

第四讲　甜樱桃苗木繁殖 ………………………… 34
　一、砧木种类与特性 …………………………… 34
　二、育苗技术 …………………………………… 37

第五讲　甜樱桃建园及栽植 ……………………… 42
　一、园址的选择与规划 ………………………… 42
　二、品种选择和配置 …………………………… 43
　三、栽植密度与方式 …………………………… 45
　四、栽植时期和方法 …………………………… 45

第六讲　甜樱桃土肥水管理 ……………………… 47
　一、土壤管理 …………………………………… 47
　二、合理施肥 …………………………………… 49
　三、灌水和排水 ………………………………… 58
　四、果园覆草和果园生草 ……………………… 60

第七讲　甜樱桃整形修剪 ………………………… 63
　一、与整形修剪有关的甜樱桃生长特性 ……… 63
　二、主要修剪手法 ……………………………… 65
　三、树形及整形过程 …………………………… 69
　四、不同树龄甜樱桃树的修剪 ………………… 74

第八讲　甜樱桃花果管理 ………………………… 76
　一、预防霜冻 …………………………………… 76
　二、花期授粉 …………………………………… 77

三、疏花疏果 …………………………………… 80

四、防止生理落果 ………………………………… 81

五、防止和减轻裂果 ……………………………… 85

六、防止鸟害 ……………………………………… 88

第九讲　甜樱桃保护地栽培 ………………………… 89

一、保护地栽培的意义及动态 …………………… 89

二、品种配置 ……………………………………… 89

三、大棚建设 ……………………………………… 90

四、温湿度和光照管理 …………………………… 91

五、关键栽培技术 ………………………………… 97

第十讲　甜樱桃病虫害防治 ………………………… 104

一、主要害虫及防治 ……………………………… 104

二、主要病害及防治 ……………………………… 123

第十一讲　果实的采收、分级及储运 ……………… 137

一、适时采收 ……………………………………… 137

二、采收方法 ……………………………………… 138

三、分级包装 ……………………………………… 138

四、储藏和运输 …………………………………… 140

附录 …………………………………………………… 141

一、甜樱桃周年管理工作历 ……………………… 141

二、大棚樱桃管理口诀 …………………………… 144

参考文献 ……………………………………………… 146

第一讲 概 况

一、樱桃的营养价值

樱桃在落叶果树中果实成熟最早,为"百果之先",有"春果第一枝"之称。其果实色泽鲜艳,玲珑晶莹,肉嫩多汁,甜酸可口,营养丰富,外观和内在品质皆佳,被誉为"果中珍品"(图1-1)。据不完全统计,每100克樱桃可食部分中含碳水化合物12.3~17.5克(其中糖分11.9~17.1克)、蛋白质1.1~1.6克、有机酸1.0克;含多种维生素,胡萝卜素含量为苹果的2.7倍,维生素C含量超过苹果和柑橘;含较多的钙、磷、铁,其中铁的含量在水果中居首位,比苹果、梨、柑橘高20多倍。樱桃还有药用价值,其果实、根、枝、叶、核皆可药用。叶片和枝条煎汤服用可治疗腹泻和胃痛。老根煎汤服用可调气活血、平肝去热。种子油中含亚油酸8%~44%,而亚油酸具有防治心血管疾病的保健效果。樱桃果实还有促进血红蛋白再生作用,贫血患者、眼角膜病患者、皮肤干燥者多食甚为有益。由于樱桃果实的生长期很短,樱桃园管理比较省工。另外樱桃树的病虫害比较少,对生产绿色有机产品比较有利。

图1-1　甜樱桃

二、樱桃栽培历史与分布

樱桃属的植物有120多种,作为果树栽培的主要有3种,即中国樱桃、欧洲甜樱桃、欧洲酸樱桃。供砧木用的还有马哈利樱桃、山樱桃及各类樱桃的杂交种等。

1. **中国樱桃**　原产于我国,在我国已有3 000多年的栽培历史,而且分布很广。北起辽南、华北各省,南至云南、贵州、四川,西到青海、甘肃、新疆,都有栽培,尤以山东、江苏、安徽、浙江栽培最多。中国樱桃有早熟、丰产等优点,但主要缺点是果实小,商品价值低。

2. **欧洲甜樱桃**　又称大樱桃或甜樱桃,原产亚洲西部和欧洲东南部,公元前1世纪罗马帝国开始栽培,公元2 ～ 3世纪传到欧洲大陆各地,以德国、英国、法国最为普及,16世纪开始正式作为经济作物栽培,18世纪初引入美国,1874年以后日本从美国和欧洲引进甜樱桃。1871年,我国烟台地区从国外引进甜樱桃品种,开始种植。目前，世界上甜樱桃已广泛栽培。

3.欧洲酸樱桃　主要在欧美各国栽培，大多用于加工罐头、果汁、果脯等。其面积和产量与甜樱桃相当。我国在山东邹城市东部山区有引进的欧洲酸樱桃，品种为磨把酸。随着我国农产品加工工业的发展及饮食习惯的变化，欧洲酸樱桃的引种和栽培也将逐步发展。

三、我国甜樱桃栽培与分布

我国引进欧洲甜樱桃已有100多年的历史，但主要在渤海湾的烟台、大连、秦皇岛等适宜栽培地区发展，其他地区发展非常缓慢。

随着甜樱桃效益的不断增高，从20世纪90年代开始，各个地方，特别是沿陇海铁路两侧都开始引种甜樱桃。如山东潍坊市临朐县，从1990年北方苗木繁育场引种樱桃，开始不结果，老百姓不认识、不接受这个树种，到1995年开始挂果，效益达到每亩*1万多元，果农才开始逐步发展甜樱桃种植。到目前为止，我国甜樱桃栽培发展迅速，从最初的沿海地区，发展到现在的内陆，分布在山东、河南、辽宁、河北、山西、陕西、甘肃、青海、新疆、浙江、江苏、安徽、四川、上海等省（自治区、直辖市），并且不适宜发展的南方如云南、广东、广西高海拔地区都已开始引种。表1-1是甜樱桃栽培最适宜的气候因子，供大家参考。

表1-1　甜樱桃栽培适宜气候因子
（孙玉刚提供）

区划类别	年均温（℃）	年降水量（毫米）	年极端最低温（℃）	日照时数（小时）	≥10℃活动积温（℃）
适宜区	10 ~ 12	≤800	≥-20	2 600 ~ 2 800	3 900 ~ 4 800
栽培区	8 ~ 15	≤1 300	≥-23	≥2 000	3 600 ~ 5 500

---

*　亩为非法定计量单位。1亩≈667米²。——编者注

四、甜樱桃的市场前景

甜樱桃成熟之际正值春末夏初市场上新鲜果品青黄不接的时期，特别是采用保护地栽培以后，大连地区保护地甜樱桃最早上市在每年2月中下旬，山东潍坊临朐保护地甜樱桃最早在3月下旬，最晚的保护地栽培基本和露地栽培衔接，露地栽培最晚的在青海，8月上旬成熟，货架期长，填补了鲜果供应的市场空白。因此，樱桃在丰富市场、均衡果品周年供应、满足人们消费需求方面起着重要的作用。另外，目前甜樱桃产值高，是当前落叶果树中经济效益最高的树种之一，特别是发展反季节的塑料大棚樱桃，经济效益更高。发展樱桃生产是农民脱贫致富，提前进入小康的有效途径。

当前由于其他果品效益下降，唯有甜樱桃价格一直坚挺，效益突出，果农对发展甜樱桃产生极大的积极性，加上目前各地栽种技术日渐成熟，近几年引发全国性的樱桃热，陕西、甘肃、青海、大连等地区一些企业和个人开始规模化种植樱桃，几百亩、上千亩地发展。

据统计，我国2017年甜樱桃面积超过17万公顷，产量超过60万吨。近十多年来我国甜樱桃产业的超速增长与其种植效益高密切相关。一般管理较好的樱桃园进入丰产期之后，每亩产量在500～1 500千克。目前，甜樱桃离园价从10元/千克到40元/千克不等。按亩产750千克、离园价10元/千克计算，每亩可获得7 500元的产值。按离园价20元/千克、汇率6.20计算，折合约3 226美元/吨，约为意大利的4倍，是智利的3倍以上，也超过经济发达的美国。可以说，我国农民种植甜樱桃的效益在世界上是最高的，所以也促使我国甜樱桃种植面积和产量的超速增长。2012年我国人均甜樱桃占有量约374克，综合人均消费樱桃399克，远低于土耳其（4 976克）、意大利（1 991克）和美国（946克）。如果未来10年内以年均1.0万公顷的速度增长，到2025年将有25.0万公顷甜樱桃进入结果期，届时每万人占有1.7公顷，这一数字将超过2009年和2010年美国人均占有量，这可能是个危险的数字，那时将有一批低产劣质园被淘汰，提质增效就很关键了。

同其他果树一样，甜樱桃产业也应当有计划地稳步发展，不能一哄而起。发展时起点要高，要发展最优良的品种，并配置好的授粉树，田间管理要采用先进技术，做到优质、高产、高效，做到后来居上，生产出高档的绿色有机食品，要做到"人无我有，人有我优，人优我特"，适当生产"富硒樱桃"等功能产品和建立品牌是发展方向，为繁荣我国果品市场、出口创汇、发展乡村经济作出贡献。

五、国内外甜樱桃发展概况

（根据黄贞光数据整理）

1. **中国**　世界甜樱桃第一主产国。樱桃面积、产量和消费量均居世界第一，也是世界樱桃进口大国。

2. **土耳其**　世界甜樱桃第二主产国，2011年产量43.86万吨，2011年平均产量9 693千克/公顷，2006—2010年每年净出口量5万吨，2009年和2010年人均甜樱桃消费量4 976克，居世界第二位，是美国的5倍，2010年甜樱桃平均离园价1.48美元/千克。

3. **美国**　世界第三大甜樱桃生产国和净出口国。2011年采收面积3.4万公顷，产量30.3万吨；2009年出口7万吨，进口1.3万吨。西北部的华盛顿州和俄勒冈州是甜樱桃的主要栽培区，加利福尼亚州中部则是甜樱桃特早熟栽培区，加利福尼亚州早熟品种可在4月中旬采收，华盛顿州和俄勒冈州的晚熟品种采收期可推迟至7月底，极大地延长了甜樱桃的供应期。

4. **伊朗**　世界甜樱桃的原产地之一。甜樱桃年产量20万～24万吨，居世界第四位。甜樱桃单产较高。2011年全国平均产量8 403千克/公顷，接近美国的产量水平。年出口甜樱桃5 000 ～ 6 000吨，出口价接近1 000 美元/吨，是世界出口樱桃最便宜的国家之一。

5. **意大利**　意大利属典型的地中海气候，且南北物候期差别

很大。南部巴里地区的早熟甜樱桃4月中旬成熟，主要运往欧洲中北部地区；而到了7月又需进口晚熟的樱桃。意大利甜樱桃的产量非常稳定，2011年产量约为13万吨，列世界第五位。意大利人喜爱吃甜樱桃，年人均消费甜樱桃约2千克，为美国人的2倍。2010年意大利甜樱桃离园价只有809.2美元/吨，低廉的价格是导致其人均消费量高的主要原因。

6. **智利**　是近几年甜樱桃采收面积和产量增长最快的国家之一。2006—2011年采收面积和年产量分别增长了73.3%和49%。2006—2010年智利的甜樱桃出口量增长了近1倍，其出口价也从2005年的3 128美元/吨提高到2010年的6 788美元/吨，5年间提高了117%。2010年出口44 311吨，出口收入30 078万美元，是世界出口樱桃收入最多的国家。智利属于南半球，特殊的地理优势为出口樱桃创造了条件。每年的11月中下旬，大量智利甜樱桃出口到我国，填补了我国春节前无樱桃可食的空白。智利樱桃市场供应结束后，我国大连的保护地樱桃开始上市。

7. **奥地利**　近几年甜樱桃生产发展最快的国家。2009—2011年采收面积从8 400公顷增加到1.5万公顷，产量从3.03万吨增加到9.25万吨。2010年人均年消费甜樱桃5千克；出口樱桃超过2万吨，进口2.10万吨，净进口约439吨。奥地利成为世界人均甜樱桃消费量最多和采收面积人均占有量最多的国家。

第二讲
甜樱桃生长特性

一、植物学特征

1. 根 樱桃的主根不发达，主要由侧根向斜侧方向伸展，普遍根系较浅，须根较多。但不同种类有一定差别：一般用作甜樱桃砧木的马哈利樱桃、山樱桃、ZY-1、兰丁等主根系比较发达；考特须根系发达，主根较短。砧木繁殖方法不同，根系生长发育的情况也不同。播种繁殖的砧木，垂直根比较发达，根系分布较深；用压条、扦插等方法繁殖的无性系砧木，一般垂直根不发达，水平根发育强健，须根多，在土壤中分布比较浅。土壤条件和管理水平对根系的生长也有明显的影响：土壤沙质，透气性好，土层深厚，管理水平高时，樱桃根量大，分布广，为丰产稳产打下基础；相反，如果土壤黏重瘠薄，透气性差，管理水平差，则根系不发达，进而影响地上部分的生长和结果。目前生产上常在土壤中施用多效唑（PP333），以抑制樱桃根系的生长，进而控制地上部分旺长。但是多效唑如果用量过大，会对根系产生毒害，而且很难恢复，甚至使部分根系死亡。嫁接的樱桃树根系易发生根蘖苗，常围绕树干丛生出大量分蘖，实际上这是嫁接亲和力较差的一种表现。

2. **枝干**　樱桃属于落叶乔木。甜樱桃树冠一般高达 4～5 米，中央主干不明显，形成圆头形或扁圆头形。枝干外皮比较光滑，有横向皮孔，枝干上有时能形成花束短枝，生长势比较弱的树容易形成腋花芽，这是樱桃与其他果树相区别的一个特点。樱桃顶端优势比较强，如果不注重管理，很容易形成上强树势。

3. **枝条**　樱桃的枝条有的为发育枝，有的为结果枝。

(1) **发育枝**　又称营养枝或生长枝。其顶芽和侧芽都是叶芽。幼龄树和生长旺盛的树一般都形成发育枝，叶芽萌发后抽枝展叶，是形成骨干枝、扩大树冠的基础。进入盛果期和树势较弱的树，抽生发育枝的能力越来越差，使发育枝基部一部分侧芽也变成花芽，发育枝本身成了既是发育枝又是结果枝的混合枝。发育枝一年两次生长，分春梢和秋梢。控制好春梢和秋梢生长，是减少生理落果和促进成花的关键。

(2) **结果枝**　枝条上有花芽，能开花结果，这类枝条称结果枝。结果枝按其长短和特性可分为混合枝、长果枝、中果枝、短果枝、花束状果枝。

①混合枝。长度在 30 厘米以上。中上部的侧芽全部是叶芽，枝条基部几个侧芽为花芽。这种枝条既能发枝长叶，扩大树冠，又能开花结果，但它上面的花芽发育质量差，品质较差。乌克兰系列品种幼果树混合枝比较多，一般修剪在花前留 1～2 个叶芽短截，形成结果枝组，果实品质好。

②长果枝。长度为 15～30 厘米。除顶芽及其邻近几个侧芽为叶芽外，其余侧芽均为花芽。结果后中下部光秃，只有顶部几个芽继续抽生出长度不同的果枝。初期结果的树上，这类果枝占有一定的比例，进入盛果期后，长果枝比例减少。长果枝太多，容易造成结果部位外移。

③中果枝。长度为 5～15 厘米。除顶芽为叶芽外，侧芽大部为花芽。一般分布在 2 年生枝的中上部，数量不多，也不是主要的果枝类型。吉塞拉砧木嫁接樱桃容易形成中果枝，早大果品种通

过短截、回缩培养中果枝结果较好。

④短果枝。长度在5厘米以下。除顶芽为叶芽外，其余芽全部为花芽。通常分布在2年生枝中下部或3年生枝的上部，数量较多。短果枝上的花芽一般发育质量较好，坐果率也高，是樱桃的主要果枝类型之一。

⑤花束状果枝。是一种极短的结果枝，年生长量很小，仅为1～5厘米，节间很短，除顶芽为叶芽外，其余均为花芽，围绕在叶芽的周围。花芽紧密成簇，开花时好像花簇一样，故称花束状果枝。这种枝上的花芽质量好，坐果率高，果实品质好，是盛果期樱桃树最主要的果枝类型。花束状果枝的寿命较长，一般可达7～10年，那翁品种甚至长达20年。一般壮树壮枝上的花束状果枝花芽数量多，坐果率也高，弱树、弱枝则相反。由于这类枝条每年只延长一小段，结果部位外移很缓慢，产量高而且稳定。乌克兰系列品种花束状果枝坐果不好。

结果枝因砧木、树种、品种、树龄、树势不同，所占的比例也不同。甜樱桃当年生枝很难成花，所以乔化砧木嫁接的甜樱桃一般以花束状结果枝为主，腋芽很难成花，吉塞拉系列矮化砧木嫁接的甜樱桃有腋芽成花现象，中短果枝结果好。甜樱桃在盛果期初期有些品种以短果枝结果为主，如大紫、红蜜、红艳等品种；有些品种以花束状果枝结果为主，如那翁、宾库、雷尼、红灯、美早等。但总的来说与树龄和生长势有关。在初果期和生长旺的树中，长、中果枝占的比例较大；进入盛果期和偏弱的树，则以短果枝和花束状果枝结果为主。

4.芽　樱桃的芽单生。分叶芽和花芽两类。枝的顶芽均为叶芽，一般幼树或成龄树旺枝上的侧芽多为叶芽。成龄树上生长势中庸或偏弱枝上的侧芽多数为花芽。从形态上看，叶芽瘦长、呈尖圆锥形，花芽较肥胖、呈尖卵圆形，两者有较明显的差别。结果枝上的花芽通常在果枝的中下部；花束枝除中央是叶芽外，四周都是花芽。

一个花芽内簇生2～5朵花，花芽内花朵的多少，与其着生的

部位有关，在树冠上部或外围枝条上花芽内的花朵多。樱桃的侧芽都是单芽，即每个叶腋间只形成一个叶芽或花芽，没有桃那样的复生芽，因此在修剪时必须认清叶芽和花芽，短截部位的剪口芽必须留在叶芽上，才能保持生长力。若剪口留在花芽上，一方面果实附近无叶片提供养分，影响果实发育，品质差；另一方面该枝结果后便枯死，形成枯死枝。樱桃侧芽的萌发力不强，1年生枝上的叶芽不容易萌发，一般前部几个芽萌发，不控制前端，后部形成光腿，结果部位容易外移。

由于樱桃枝条萌芽力强，成枝力差，如果不短截，其顶芽延长生长，不易形成生长势强的分枝，故幼树需通过冬季短截来培养骨干枝和增加枝量。一般粗壮的枝条在剪口下能抽生出 3 ~ 5 条中、长发育枝。枝条冬季短截虽然能增加成枝力，但是也会因为刺激叶芽生长旺盛而延迟结果。因此，在幼树有一定树形后，可以通过夏季摘心来促进成花。樱桃潜伏芽大多是由枝条基部的副芽和少数没有萌发的侧芽转变而来。副芽着生在枝条基部的两侧，形体很小，通常不萌发，只有在受刺激时，如重回缩或机械损伤，伤口附近副芽即萌发抽出新枝，因此樱桃树30多年的大树其主枝很容易更新，这是维持结果年龄、延长寿命的重要特性。

5.叶 樱桃叶为卵圆形、倒卵形或椭圆形，先端渐尖，基部有腺体 1 ~ 3 个，颜色与果实颜色相关。一般中国樱桃的叶较小，甜樱桃的叶较大。另外，中国樱桃的叶缘锯齿多尖锐，甜樱桃的则比较圆钝。叶的大小、形状及颜色，不同品种有一定差异。

6.花 樱桃花为总状花序，有花 1 ~ 10 朵，多数 2 ~ 5 朵。花未开时为粉红色，盛开后变为白色，先开花后展叶。花瓣5枚，雄蕊20 ~ 30枚，雌蕊1枚（图2-1）。樱桃花有授粉结实特性，不同种类区别较大。中国樱桃与酸樱桃花粉多，自花结实能力强。欧洲甜樱桃除拉宾斯、斯坦拉、先锋、黑珍珠等少数品种有较高的自花结实率外，大部分品种都明显自花不实，而且品种之间的亲和性也有很大不同。因此，建立甜樱桃园时要特别注意配置好授粉品种，并进行放蜂和人工授粉。

7.果实 樱桃的果实较小，中国樱桃单果重仅1克左右，欧洲甜樱桃单果重一般5～13克或更大一些。果实有扁圆形、圆形、椭圆形、心脏形、宽心脏形、肾形；果皮颜色有黄白色、有红晕或全面鲜红色、紫红色或紫色；果肉有白色、浅红色、粉红色及红色；肉质柔软多汁；有离核和粘核，

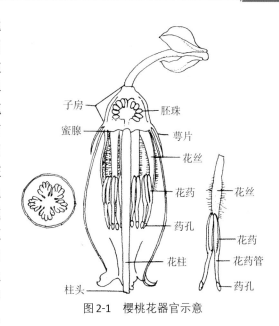

图2-1　樱桃花器官示意

核椭圆形或圆形，核内有种仁。中国樱桃、毛樱桃成仁率高，可达90%～95%，欧洲甜樱桃的成仁率低，这是甜樱桃硬核后造成生理落果的原因之一。

二、年生长周期及特点

樱桃一年中从花芽萌动开始，通过萌芽、开花、展叶、抽梢、果实发育、花芽分化、落叶、休眠等过程，周而复始，这一过程称为年生长周期。栽培甜樱桃必须了解这一生长发育规律，采取相应的管理措施，以满足其生长发育需要的条件，达到优质、丰产、高效的目的。

1.萌芽与开花 甜樱桃对温度反应比较敏感，当日平均气温到10℃左右时花芽开始萌动（山东临朐地区在3月底到4月初），日平均气温达到15℃左右开始开花，整个花期10～15天或者更长。一般气温低时，花期稍晚，大树和弱树花期较早。樱桃开花

受小气候影响比较重，气温稍高的背风地方、山的阳坡开花早，地势较低的地方、风口和山的阴坡开花晚。同一棵树，花束状果枝和短果枝上的花先开，中、长果枝开花稍迟。同一朵花通常开3天，其中开花第一天授粉坐果率最高，第二天次之，第三天最低。花前浇水也会延迟开花，利用这个方法可以避开倒春寒。

2. **新梢生长** 叶芽萌动期，一般比花芽萌动期晚5～7天，叶芽萌发后有7天左右是新梢初生长期。开花期间，新梢基本停止生长。花谢后再转入迅速生长期。以后当果实发育进入成熟前的迅速膨大期，新梢则停止生长。果实成熟采收后，对于生长势比较强的树，新梢又一次迅速生长，到秋季还能长出秋梢。生长势比较弱的树，只有春梢一次生长。幼树营养生长比较旺盛，第一次生长高峰在5月上中旬，到6月上旬延缓生长，或停长，第二次在雨季之后，继续生长形成秋梢。

3. **果实发育** 樱桃属核果类，果实由外果皮、中果皮（果肉）、内果皮（核壳）、种皮和胚组成。可食部分为外果皮和中果皮。果实的生长发育期较短，从开花到果实成熟30～60天，部分晚熟樱桃发育期在60天以上。甜樱桃的果实发育过程表现为3个阶段：

（1）**第一阶段** 为第一次生长期，从谢花至硬核前。主要特点为果实（子房）细胞分裂迅速，果核（子房内壁）迅速增长，胚乳迅速发育。这一阶段的长短，不同品种表现不同。这阶段结束时果实大小为采收时果实大小的33.6%～49.5%。这阶段时间虽不长，果个膨大不太迅速，但却是果实细胞分裂的重要时期，对以后果实膨大起重要的作用。这个时候如果春梢出现旺长，会造成第一次生理落果。

（2）**第二阶段** 为硬核和胚发育期。主要特点果实纵横径增长缓慢，果核木质化，胚乳逐渐被胚发育所吸收而消耗。这阶段大体为10天。这个时期果实实际增长仅占采收时果实大小的3.5%～8.6%。如果此阶段胚发育受阻，果仁萎缩，种仁不能生成赤霉素和生长素，果实会变黄、萎蔫或者畸形脱落。所以这个时期是一个关键时期，如果授粉不良，高温和新梢生长过旺，都会影响果仁的发育，造成硬核后第二次生理落果。

（3）第三阶段　为第二次迅速膨大期，自硬核至果实成熟。主要特点是果实迅速膨大，横径增长量大于纵径增长量，这个阶段生长量占果实大小的50%以上，果实着色，可溶性固形物含量增加。这个阶段主要是果实细胞伸长与膨大，储存叶片光合作用制造的大量碳水化合物。生长素能刺激细胞分裂和细胞伸长，改变植物体内的营养物质分配。在生长素分布较丰富的部分，得到的营养物质就多，形成分配中心，所以硬核期如果种子发育不好，种子形成的赤霉素和生长素少，而新梢形成的赤霉素和生长素多，就会造成新梢旺长，果实萎缩而脱落造成生理落果。所以，该阶段应控制新梢旺长，多用磷钾肥，少用氮肥，对提高果实品质和果实膨大有重要作用。

果实在发育第三阶段特别是果实迅速膨大期、果实转色期，如果遇雨，或者前期土壤干旱而后期灌水过多，极易产生裂果现象。从果皮的解剖观察可见，在果实缝线部细胞排列不紧密，这是引起裂果的原因之一。生产上要保持稳定的土壤水分状况，维持树势，适当增加钙肥施用，以防裂果。

4. 花芽分化　甜樱桃花芽分化时间较早，在5月份即到花芽分化临界期，果实硬核后10天左右便开始生理分化，而后转入形态分化。从解剖镜观察，开始形成苞片而后形成花原基，再进入花萼形成期、花瓣形成期及雄蕊和雌蕊原基形成期等5个时期。

花芽分化是一个缓慢过程，边卫东等（2006）研究表明，甜樱桃的胚珠、胚囊和花粉发育是在春季伴随温度逐渐升高完成的。开花前14天左右完成胚珠发育，平均最高温度和最低温度分别为17.1℃和4.5℃；花前7天完成胚囊发育过程，平均最高温度和最低温度分别为20.6℃和7.9℃。王世平、张才喜等（2004）对早春开花前花器发育状况进行了研究，结果发现上海地区栽培的甜樱桃花芽形成良好，花粉粒形态正常，发芽率良好，但高达98.2%的子房发育不正常，其中无胚珠分化的子房占26.3%，有胚珠但无胚囊分化的子房占71.9%，表明胚珠、胚囊发育不良是上海地区栽培甜樱桃"花而不实"的主要原因。花芽分化与树体营养生长存在竞争关系，营养枝停长或缓长是花芽分化最快的时期。甜樱桃属于采果前"源"限制型而采果后"库"限制型果树。如果栽培甜樱桃新梢生长量大，树体徒长枝增多，花束状短枝比例下降，枝生长节奏不明显，这些因素都会影响花芽分化的数量和质量。李勃等（2010）比较了上海地区和山东烟台地区甜樱桃花芽分化进程和新梢生长的关系，发现进入7月以后由于上海地区气候高温多雨，新梢进入第二次迅速旺长期，因此花芽分化几乎停滞，直到10月才进入雌蕊原基分化期，较烟台地区晚1个月左右。姜建福等研究认为，甜樱桃花芽分化是一个持续渐进的过程，一直持续到落叶后进入完全休眠；花芽分化速率主要受温度调节，品种之间有所差异，适于早熟品种早红宝石和红灯花芽形态快速分化的温度低于适宜拉宾斯花芽形态快速分化的温度。Postweiler等（1985）报道，在5～20℃温度范围内，温度越高，胚珠的寿命越短。Beppu等（1997，2001）研究发现，高温引起的胚珠、胚囊发育不良是坐果率低的主要原因，在25℃以上的温度条件下，甜樱桃的胚囊停止发育且在花后2天很快退化，开花后未发育的胚珠也可以继续发育，但高温会阻碍此过程，推测可能与内源赤霉素含量高有关，并发现外源施用多效唑可延长胚囊寿命，提高坐果率。甜樱桃温暖地区栽培坐果率低还与高温影响授粉受精有关。甜樱桃花期对温度极为敏感，花期高温不但降低胚珠、胚囊寿命，还抑制花粉管生长，降低柱头的可授性。所以花前高温或者花期遇到干热风，是造成樱桃坐果率低的原因之一，如山海关地区反映萨米脱露地栽培坐果率低，就是开花晚，容易遇到干热风。

王玉华等研究表明，细胞分裂素能够促进花芽分化，5月底芽内细胞分裂素含量高，以后逐渐下降，生理分化期细胞分裂素积累有助于花芽分化，芽内赤霉素和生长素对花芽分化不利。

7～8月是甜樱桃花芽形态分化的关键时期，若营养不良，会影响花芽质量，甚至出现雌蕊败育花。这一时期在各甜樱桃栽培区一般是高温多雨季节，正常情况下甜樱桃每朵花只分化1个雌蕊，但遇高温、干旱的年份，常使花芽发育过度，1朵花可以分化出2～4个雌蕊，第二年开花结果后，能结出2～4个果连在一起的畸形果。例如在2003年夏季山东地区高温干燥，2004年此地区生产的樱桃连体畸形果比例较多。为了减少畸形果，在樱桃花芽分化的7～8月如果高温干旱，可以采取高温期喷水和适当遮阴的方法，降低果园温度，以减少畸形花。在樱桃采收后要及时施肥浇水，补充因果实消耗的营养，促进枝叶的功能，制造更多的光合作用产物，为花芽分化提供物质保证。

5. 落叶与休眠　我国北方地区樱桃落叶一般在霜降以后开始，10月开始树叶养分回流，脱落酸形成增多，养分回流快结束时叶柄形成离层。山东地区大约在11月上旬开始落叶。在管理粗放的情况下，由于叶斑病、早期落叶病、红蜘蛛等病虫害及干旱引起的早落叶，对树体营养积累、安全越冬会有不良影响，并且会在秋季开二茬花，引起第二年减产或果实较小、品质低劣等。所以，对一些生长比较弱的树，可在落叶前（即霜降时期）喷5%尿素加氨基酸，增加养分的储存。落叶树体进入自然休眠后，需要一定的低温积累，才能进入萌发期。根据资料，甜樱桃在7.2℃以下需经过1 000～1 440小时，自然休眠才能结束。张才喜、李勃等研究的结果见表2-1。

表2-1　不同甜樱桃品种在低温处理下的发芽率（%）
（李勃等提供）

品种	开始	200小时	400小时	600小时	800小时	1 000小时
彩虹	20	25	60	65	65	70
佳红	25	45	60	70	75	90
先锋	10	15	20	65	75	90
布鲁克斯	5	10	15	55	65	85
拉宾斯	15	20	60	75	75	80

（续）

品种	开始	200小时	400小时	600小时	800小时	1 000小时
雷尼	10	10	35	35	50	75
萨米脱	10	0	25	20	50	75
红南阳	0	0	35	30	40	55
红艳	5	0	25	30	45	60
红鲁比	0	0	5	5	15	25
红灯	0	10	25	20	35	40
美早	5	5	10	30	35	45

　　从表2-1可以看出，部分品种不经过休眠也能够部分萌芽开花，这就能够解释大棚樱桃采果后大量出现二茬花问题（图2-2、图2-3）。但随着休眠时数的增加，甜樱桃开花量也逐渐增加，一些品种的开花量增加迅速，1 000小时后，一些品种基本通过休眠，但一些品种休眠量不到一半。低温休眠是樱桃开花整齐的

图2-2　二次花开花状

图2-3　二次花结果

措施之一。

根据张才喜、王世平、李勃等测定，甜樱桃休眠中枝条营养物质发生很大变化：甜樱桃低温处理，枝条中淀粉和无机态氮含量明显下降，葡萄糖、果糖含量上升，蛋白态氮含量变化不大。蛋白态氮与非蛋白态氮比上升明显，说明果树休眠，淀粉转化成糖，无机态氮转化成有机态氮。休眠既是养分转化和积累的过程，也是为第二年开花坐果准备养分的过程。所以，秋季增加树体养分回流，对果树提早打破休眠有很重要作用。

三、对环境条件的要求

1. **温度**　樱桃是喜温而不耐寒的落叶果树，适合年平均气温 8～15℃，大于10℃的有效积温3 600～5 500℃。种类和品种之间也存在差异。甜樱桃和酸樱桃原产于西亚和欧洲等地，适应比较凉爽干燥的气候，在我国环渤海地区、陇海铁路两侧及华北、西北、东北南部栽培较适宜。夏季高温干燥对甜樱桃生长不利，高温造成树体旺长，树体郁闭，病害加重，并且对花芽分化不利。冬季最低温度不能低于-23℃，过低的温度会引起大枝纵裂和流胶。如果冬季低温干燥，极容易造成抽条现象。另外，花芽易受冻害。花在开花期温度降到-3℃以下即受冻害，所以不宜在过分寒冷的地区发展樱桃。

2. **水分**　樱桃为喜水而不耐涝的果树，适于在年降水量 600～800毫米的地区生长，通过避雨栽培，可以在降水量1 300毫米以上高海拔地区栽培。土壤水分常以三种形式存于土壤中：束缚水，紧紧吸附在土粒表面，不能流动，也很难为植物根系吸收的水分，土粒越细，吸附在土粒表面的束缚水越多；毛管水，土粒之间小于0.1毫米的小孔隙叫毛细管，毛细管中的水可以在土壤中上下、左右移动，是供植物吸收利用的主要有效水，因此毛管水对植物生长发育最为重要；重力水，是土粒之间大于0.1毫米大孔隙中的水分，由于受重力作用只能向下流动，重力水只能短

期被植物利用，如较长期地充满着重力水（即地里积水），则土壤空气缺乏，对植物生长非常不利。束缚水和重力水都是不能被植物利用的无效水，只有毛管水是能被植物利用的有效水。当土壤中只存在着束缚水时，因植物不能利用，而表现出萎蔫，这时的土壤含水量叫萎蔫系数。随着土壤水分的增加毛细管中开始充水，当土壤中毛细管全部充满水时的含水量，叫田间持水量。土壤有效水的数量是田间持水量减去萎蔫系数的数值。土壤有效水含量的多少，主要受土壤质地、结构、有机质含量的影响。沙土和黏土有效水都低于壤土。具有团粒结构的土壤毛细孔隙增加，有效水含量高。

据试验，当土壤含水量下降到7%时，甜樱桃的叶片发生萎蔫现象，土壤含水量下降到10%左右，地上部分停止生长。果实发育的硬核期为甜樱桃的需水临界期，当土壤含水量降到11%以下时，会造成大量落果而严重减产。樱桃水量最佳为田间最大持水量的50%～60%。如果在果实成熟前久旱突然降雨，往往会引起大量裂果和烂果，严重降低果实品质。

樱桃虽喜水，但对水分状况很敏感，既不抗旱，也不耐涝。由于樱桃树根系分布浅，因此对土壤通透性要求高。与其他落叶果树相比，樱桃叶面积大，蒸腾量大，在干热的时候树体水分会经叶片蒸腾作用大量损失，因而果实发育期土壤干旱会引起落果，果实转色期久旱遇雨或灌水又易出现裂果现象。因此，樱桃园既需要有灌溉条件，又要能通畅地排水。甜樱桃起垄栽培是解决土壤透气性和防止涝害的有效办法。

3. 光照　樱桃是喜光树种，尤其是甜樱桃，其次是酸樱桃，中国樱桃比较耐阴。光照条件好时，树体健壮，果枝寿命长，花芽充实，坐果率高，果实成熟早，着色好，糖度高，酸味少。光照条件差时，树体易徒长，树冠内枝条衰弱枯死，结果枝寿命短，结果部位外移，花芽发育不良，坐果率低，果实着色差，成熟晚，质量差。因此，建园时要选择阳坡、半阳坡，栽植密度不宜过大，枝条要有一定开张角度，以保证树冠内部的光照条件，达到通风透光。甜樱桃适合的日照时数是2 600 ~ 2 800小时，日照百分率一般为57% ~ 64%，太阳总辐射469.8千焦/厘米^2。这样的条件下，樱桃生长良好，果实品质佳。

4. 土壤 甜樱桃适宜在土层深厚、土质疏松、透气性好、保水力较强的沙壤土或砾质壤土栽培。在土质黏重的土壤中栽培时，根系分布浅，不抗旱，不耐涝也不抗风。樱桃树对土壤要求适应性强，适应性与砧木有很大关系，适宜的土壤pH为6.5 ~ 7.5，但是在pH 5.6 ~ 8.0的土壤中也能够正常生长。但是盐碱地区和黏重土壤种植樱桃很容易患根癌病，土壤中有根癌病菌及线虫则容易传染根癌病。种植樱桃、桃、李、杏的老果园，土壤中根癌病菌多，不宜栽植樱桃树，更不宜作为发展樱桃的苗圃。如果树苗有根癌病，将引起更严重的后果。

根据植物吸收土壤养分的难易，可把土壤养分分为两类。一类是速效态养分，又叫有效养分；另一类是迟效态养分，又叫潜在养分。速效态养分以离子或分子状态存在于土壤溶液中和土壤胶体表面，能够直接被植物吸收利用。迟效养分存在于土壤矿物质和有机质中，难溶于水而不能被植物直接吸收利用，需经化学作用或微生物作用分解成可溶性的速效养分，才能被吸收。理想的土壤，不但要求养分种类齐全，含量高，而且要求速效态养分和迟效态养分各占一定比例，使养分能均衡持久地供给植物利用。

土壤中氮的转化。各类土壤中一般全氮含量在0.05% ~ 0.2%。其中绝大多数为迟效的有机态氮，而速效无机态氮只占全氮含量的1% ~ 3%。有机态氮主要存在于蛋白质和腐殖质等有机化合物中，它们在微生物的作用下，经水解和氨化作用形成铵态氮，可直接被植物吸收利用。在通气良好的条件下，铵态氮经过细菌的硝化作用氧化成硝态氮，供植物吸收利用。但硝态氮不能被土壤胶体吸附保存，容易随水流失。当土壤通气不良时，又可经反硝化作用变成氮气和二氧化氮挥发，造成氮素损失。因此，氮素化肥应深施，以防止铵态氮向硝态氮转化再还原成氮气而挥发损失。甜樱桃园注意中耕松土，防止土壤板结，能防止硝态氮因缺氧而

还原成氮气挥发。

土壤中磷的转化。土壤中的磷大多数是迟效性磷，速效性磷很少。迟效的磷素化合物要在适宜条件下，经过磷细菌的作用转化成水溶性或弱酸性的速效磷，这个过程称为磷的释放。反之，土壤中水溶性或弱酸溶性的速效磷又可转化为难溶性迟效磷，这个过程称为磷的固定。土壤中磷的固定过程使速效磷减少，释放过程使速效磷增多。磷素的释放与固定，难溶与易溶，迟效与速效，在一定条件下都可互相转化。在农业生产中应采取有效措施，如增施有机肥、磷肥与有机肥混合施用、磷肥与生理酸性化肥混施、集中施，可减少固定，提高磷的有效率。

土壤中钾的转化。土壤中钾素含量虽不少，但大部分是迟效的矿物态钾，有效钾的含量很少。迟效性钾不溶于水，不能被植物直接吸收，但通过有机酸及钾细菌的作用，可以转化成速效性钾，供植物吸收。土壤中施用钾细菌肥料、酸性肥料和有机肥料，都能提高钾的有效率。

土壤有机质含量与土壤肥力水平密切相关。

有机质在改善土壤物理性质中的作用是多方面的，其中最主要、最直接的作用是改良土壤结构，促进团粒状结构的形成，从而增加土壤的疏松性，改善土壤的通气性和透水性。土壤腐殖质是亲水胶体，具有巨大的比表面积和亲水基团。据测定，腐殖质的吸水率为500%左右，而黏土矿物的吸水率仅为50%左右，因此腐殖质能提高土壤的有效持水量，这对沙土有着重要的意义。腐殖质为棕色呈褐色或黑色物质，被土粒包围后使土壤颜色变暗，从而增加了土壤吸热的能力，提高土壤温度，这一特性对北方早春时节促进植物根系活动有利。腐殖质的热容量比空气、矿物质大，而比水小，导热性居中，因此，有机质含量高的土壤其温度相对较高，且变幅小，保温性好。

土壤有机质的转换可通过淋溶、土壤酶、微生物和土壤动物进行。富含有机质的土壤，其肥力平稳而持久，不易造成植物的徒长和脱肥现象。

土壤有机质就是为植物生长发育提供养分的仓库。它是土壤养分中的大家族。另外，它还是判断土壤肥瘦标准的重要指标之一。所以，有机质在土壤中的比例一定要保持相对稳定才好。因为有机质的分解和转化是在不断进行的，所以土壤有机质在消长过程中，土壤肥力也相应地随之不断改变。我国的土壤有机质含量较低，大部分低于1%，欧美、日本等国家土壤有机质含量在2%～5%，远远大于我国，因此多用有机肥改良土壤，是我国果农的任务之一。

如何增加和保持土壤有机质含量，提高果树产量，是果树生产的主要任务。这项任务就是给土壤有机质增加能源，主要的技术措施有以下3项：一是秸秆还田。秸秆还田是直接为土壤增加有机物。要改变在田间焚烧秸秆的习惯，因为焚烧秸秆既浪费有机物，又使有机物变成二氧化碳跑到空气中使大气质量变差。二是增加有机肥用量。合理施肥，实行有机物和无机肥料的配合，不断增加有机物残留在土壤中的数量。三是减少土壤有机质的消耗。例如，采取覆盖等措施，可以减少土壤水土流失，这样才能保持土壤有机质在提供养分的同时，保持含量稳定。

5. 风　樱桃的根系较浅，抗风能力差。严冬早春大风易造成枝条抽干，花芽受冻；花期大风易吹干柱头黏液，影响昆虫授粉；夏秋季台风会使枝折树倒，造成更大的损失（图2-4）。因此，在有大风侵袭的地区，一定要营造防风林，或选择小环境良好的地区建园。

图2-4　甜樱桃幼果风灾受害状

第三讲
甜樱桃优良品种

欧洲甜樱桃自1871年引入我国山东烟台以后，科研部门和生产单位通过各种途径从国外引进优良品种，而且进行品种间杂交育种，培育出一些适宜各地发展的优良新品种。

红　灯

大连市农业科学研究院于1963年用那翁×黄玉杂交育成的新品种，1973年命名为红灯。由于其具有早熟、个大、色艳丽等优点，20多年来成为在全国各地发展最快的品种之一。红灯是一个大果、早熟、肉半硬的红色品种（图3-1）。树势强健，枝条直立、粗壮、树冠不开张。叶片特大、较宽、椭圆形；叶柄较软，新梢上的叶片呈下垂状；叶缘复锯齿，大而钝；叶片深绿色，质厚，有光泽，基部有2～3个紫红色肾形大蜜腺。芽的萌发

图3-1　红　灯

率高，成枝力较强，直立枝发枝少，斜生枝发枝多。其他侧芽萌发后多形成叶丛枝，一般不形成花芽，随着树龄增长，叶丛枝转化成花束状短果枝。据调查，4年生树上叶丛枝成花率仅2.4%，5年生树成花率为8.9%，6年生树成花率为25%以上，所以该品种开始结果期一般偏晚，4年开始结果，6年生以后才进入盛果初期。红灯由于容易感染病毒病，适宜一些早熟地区发展。棚内坐果率较低。适于在矮化砧木上嫁接。

美　早

从美国引进。果实心脏形，稍扁，缝合线明显，通常单果重8～11克，果皮红至浓红色，有光泽（图3-2）。果肉浅黄至红色，肥厚多汁，质地较硬，耐运输，果核中等大，酸甜适口，可溶性固形物含量15%，果柄短，柄洼凹陷，两果肩稍尖，品质上等。果实发育期45天，比红灯晚熟3～5天，但成熟一致性好于

图3-2　美　早

红灯。叶片呈椭圆形，锯齿缘，单锯齿且锯齿明显，叶基圆形，叶尖长尖，叶脉羽状清晰，叶柄短，蜜腺2～3个，大而明显。树势强健，枝条粗壮，直立。萌芽率高，成枝力强。丰产，适应性强。花冠比较大，花粉多，自花结实率低，需配授粉树，适宜的授粉树有拉宾斯、先锋等。美早生长较旺盛，适于在矮化砧木上嫁接。

布鲁克斯（冰糖脆）

1988年加州大学育成，亲本为雷尼×早紫。1994年山东省果树研究所从美国引入，表现为露地栽培果大、早熟、丰产稳产，保护地栽培需冷量低。果实色泽红、果肉脆、糖度高、酸度低、口感好（图3-3）。树姿开张，新梢黄红色，枝条粗壮，1年生枝

图3-3　布鲁克斯

黄灰色，多年生枝黄褐色。叶片披针形，大而厚，深绿色，叶面平滑；叶柄绿红色。花冠为蔷薇形，纯白色，花器发育健全，花瓣大而厚。果实扁圆形，大果型，平均单果重9.4克，最大单果重13.0克。果皮浓红，底色淡黄，油亮光泽。果顶平，稍凹陷。果柄短粗，平均长3.1厘米，类似红灯，属短柄品种。果肉紫红，肉厚核小，肉质脆硬，汁液丰富，风味极甜，含糖量17.0%，耐储运。该品种品质好，缺点是比较容易裂果。

萨　米　脱

原产地加拿大。树势开张缓和，皮孔凸出明显，萌芽力强，成枝力弱，属短枝型品种。叶被有茸毛，叶缘锯齿钝，小而整齐，裂刻特浅。通常单果重11～13克，属大果型，糖度14.6%，果实心脏形，硬肉，紫红色，有光泽，酸味轻，风味浓，品质佳（图3-4）。花期较晚，如遇干热风坐果率低。棚内由于湿度大，容易得花腐病，影响坐果率。

图3-4　萨米脱

含香（俄八）

俄罗斯1993年育成，亲本为尤里亚×瓦列里伊契卡洛夫。果实宽心脏形，双肩凸起、宽大，梗洼宽广、较深，有顶洼，较窄小，中心有一灰白色小斑点，靠腹面一侧有一个小凸起，腹部上方有一道纵向隆起，红褐色（图3-5）。果实生长前期十分缓慢，近成熟期十分迅速，很快变成大果。平均单果重12.9克，果肉肥厚硬脆，深紫红色，可溶性固形物含量18.9%，可食率95.17%。

果个大，味香甜，色浓形美，早产早丰，极耐储运，抗寒性强，裂果比较重。树势强健，生长旺盛，树姿开张。幼树生长迅速，枝条疏散、粗壮、较长、多斜生、开张，树冠扩大快。1年生枝条淡灰褐色，2年生枝条深灰褐色，多年生枝栗褐色，主干灰褐色。

图3-5 含香（俄八）

色。为异花授粉品种，需配佳红、萨米脱、红蜜等授粉树。

红　蜜

大连市农业科学研究院用那翁×黄玉杂交选育而成。中果型、早熟、质软，为黄底红色早熟丰产品种（图3-6）。树势中等，树姿开张，树冠中等偏小，芽的萌发力和成枝力较强，分枝较多，花芽容易形成，一般定植后第二年即可形成花芽，第四年即进入盛果初期，而且花

图3-6 红　蜜

量很多，适宜作为授粉品种。坐果率高。果实中等大小，平均单果重7.0克，均匀整齐，果形为宽心脏形；果皮黄底色，有鲜红的红晕，光照充足的部位，大部分果面呈鲜红色；肉质较软，多汁，以甜为主，略有酸味，品质上等；可溶性固形物含量17%；核小粘核，可食部分占92.3%。成熟期比红灯晚2～5天。由于果软，不耐储运，但品质好，适宜当地销售。棚里花期要求温度低。

先　锋

加拿大哥伦比亚省育成，1983年中国农业科学院郑州果树研究所从美国引进，1984年引入山东省果树研究所，1988年在烟台发展。该品种树势强健，枝条粗壮，丰产性好。花粉量大，也是一个极好的授粉品种。果实大，平均单果重8.0克，大者达10.5克；肾形，浓红色，光泽艳丽；果肉玫瑰红色，肉质肥厚，较硬且脆，汁多，糖度高，可溶性固形物含量16%；甜酸比例适当，风味好，品质佳，可食率92.1%；果皮厚而韧，很少裂果，耐储运。山东地区成熟期在6月上中旬。适宜大棚发展。

拉　宾　斯

加拿大夏陆研究站用先锋×斯坦拉杂交选育而成的新品种。能自花授粉结实，为加拿大重点推广的品种之一。1988年引入烟台。该品种树势健壮，树姿较直立，耐寒。花粉量大，也宜作其他品种的授粉树。早实性和丰产性很突出。果实为大果型，深红色，充分成熟时为紫红色有光泽，美观；果皮厚韧；果肉肥厚、脆硬、果汁多，可溶性固形物含量16%，风味佳，品质上等。成熟期比先锋晚，果实发育期50天。

雷　尼

美国华盛顿州农业实验站用宾库×先锋杂交选育出的品种，因当地有一座雷尼山，故命名为雷尼。现在为该州的第二主栽品种。1983年中国农业科学院郑州果树研究所从美国引入，1984年后在山东试栽，表现良好。该品种花粉量大，也是很好的授粉品种。树势强健，枝条粗壮，节间短，树冠紧凑，枝条直立，分枝力较弱，以短果枝及花束状枝结果为主。早期丰产，栽后3年结

图3-7 雷 尼

果，5～6年进入盛果期。果实大，平均单果重8.0克，最大果重达12.0克；果实心脏形，果皮底色为黄色，富鲜红色红晕，在光照好的部位可全面红色，十分艳丽美观（图3-7）；果肉白色，质地较硬，可溶性固形物含量达15%～17%，风味好，品质佳；离核，核小，可食部分达93%。

早 大 果

1997年从乌克兰引进的甜樱桃品种。树势中庸，树姿开张，枝条不太密集，中心干上的侧生分枝基角角度较大；1年生枝条黄绿色，较细软；结果枝以中短果枝为主。果实个大，近圆形，通常单果重7～9克，最大果重达15克；果实深红色，充分成熟时紫黑色、鲜亮、有光泽（图3-8）；果肉较

图3-8 早大果

硬，可溶性固形物含量16.1%～17.6%。成熟期比红灯早3～5天，果实发育期35天左右，属早熟品种。采收期遇雨容易裂果。

桑 提 那

1989年从加拿大引进。果实心脏形，果形端正，平均单果重8.6克，果皮紫红色至紫黑色，有光泽（图3-9）。果肉淡红，较硬，味甜，可溶性固形物含量18%左右，酸甜可口。自花结实，果实

图3-9 桑提那

图3-10 黑珍珠

图3-11 佳红

发育期50天左右。树势中庸，成花容易，丰产。

黑　珍　珠

萨姆芽变品种，晚熟，平均单果重10.6克。果实心脏形，果皮紫红色（图3-10）。果肉硬脆，味甜，可溶性固形物含量17.1%。果实发育期55～60天，自花结实，树势中庸，丰产性好。

佳　红

1974年大连市农业科学研究院以宾库×香蕉为亲本杂交育成（原代号3-41）。果实大，平均单果重9.67克，最大果重11.7克。果实宽心脏形，整齐，果顶圆平。果皮浅黄，向阳面呈鲜红色晕和较明晰斑点，外观美丽，有光泽（图3-11）。果肉浅黄色，质较脆，肥厚多汁，风味酸甜适口，品质上等。可溶性固形物含量19.75%，总糖13.75%，总酸0.67%，可食率94.58%。核卵圆形，小，粘核。树势强健，生长旺盛，枝条粗壮，萌芽力强，坐果率高，对栽培条件要求略高。幼树期间生长直立，盛果期后树冠逐渐开张。多年生枝干紫褐色，1～2年生枝棕褐色，枝条横生并下垂生长。一般定植后3年结果。叶片大，宽椭圆形，基部呈圆形，先端渐尖。叶片较厚，平展，深绿色，有光泽，在枝条上呈下垂状生长。花芽较大而饱满、数量多、密度大，早期产量高。适宜的授粉品种为巨红和红灯，授粉树的比例应在20%以上。

明　珠

　　果实宽心脏形，平均单果重12.3克，最大单果重14.5克（图3-12）。果实可溶性固形物含量18%～24%，可滴定酸0.41%，可食率93.27%。授粉品种有先锋、美早、拉宾斯、佳红、雷尼、红灯等。对多年生枝条要回缩修剪，注意肥水管理，适时采摘。

图3-12　明　珠

晚　红　珠

　　从宾库和日出的杂交实生苗中选出。果实宽心脏形，整齐，平均单果重9.9克，最大果重11.2克。果顶圆、平，果皮全面鲜红色，有光泽（图3-13）。果肉红色，肉质脆，肥厚多汁，风味酸甜，可溶性固形物含量18.1%，可食率92.3%，粘核，品质优良。树势强健，生长旺盛，枝条粗壮，坐果率高，丰产性强，管理比较容易。为极晚熟品种，果实大，营养丰富，丰产。

红　南　阳

　　日本山形县发现的南阳品种的红色优良芽变系。树势强健，生长旺盛，直立。萌芽率

图3-13　晚红珠

较高，成枝力较强，较丰产。幼龄树短果枝少，结果较晚，逐渐转以短果枝和花束状果枝结果为主，花芽多着生在中位，开花晚于那翁品种，采摘期略早于那翁品种。果实特大，通常单果重12～13克。果实椭圆形，缝合线明显。果皮黄色，阳面鲜红色，外观艳丽。果肉硬而多汁，含糖14%～16%，含酸0.55%～0.60%，风味醇美可口，品质极优。花蕾期抗寒力弱，抗病虫能力较强。授粉品种为艳阳、红灯、佳红、巨红、拉宾斯等。剪枝时要注意开张大枝角度，改善光照条件，促进花芽形成，增加果实着色度。

福　星

烟台市农业科学院用萨米脱×斯帕克里杂交育成，中熟品种。果实肾形，果顶凹，缝合线不明显，平均单果重11.8克，果柄粗短，果皮浓红色至紫红色，果肉紫红色，硬脆，甜酸，可溶性固形物含量16.9%，硬度1.4千克/厘米^2，可滴定酸0.80%，可食率94.7%。果实发育期50天左右。树势中庸，早果丰产。

福　辰

烟台市农业科学院用萨米脱×红灯杂交育成，极早熟品种。果实心脏形，果顶较平，缝合线不明显，平均单果重9.7克，果面鲜红色，果肉淡红色（图3-14）。硬脆，甜酸，可溶性固形物含量18.1%，硬度1.5千克/厘米^2，可滴定酸0.7%，可食率93.2%。果实发育期30天左右。树势中庸，早果丰产。

图3-14　福　辰

佐　藤　锦

由日本山形县东根市的佐藤荣助用黄玉×那翁杂交选育而成，1928年中岛天香园命名为佐藤锦。几十年来，为日本最主要的栽培品种。1986年烟台、威海引进，表现丰产、品质好。中熟品种。树势强健，树姿直立。果实中大，通常单果重7.0～9.0克，短心脏形；果面以黄色为底，上着有鲜红色红晕，光泽美丽（图3-15）；果肉白色，核小肉厚，可溶性固形物含量18%，

图3-15　佐藤锦

酸味少，甜酸适度，品质超过一般鲜食品种。果实耐储运。适应性强，在山丘地砾质壤土和沙壤土栽培，生长结果良好。

宾　库

1875年美国俄勒冈州从串珠樱桃的实生苗中选育而来。100多年来成为美国和加拿大栽培最多的一个甜樱桃品种。1982年山东省外贸部门从加拿大引入。树势强健，枝条直立，树冠大，树姿开展，花束状结果枝占多数。丰产，适应性强。叶片大，倒卵状椭圆形。果实较大，平均单果重7.2克；果实宽心脏形，梗洼宽深，果顶平，近梗洼外缝合线侧有短深沟；果柄粗短，果皮浓红色至紫红色，外形美观，果皮厚；果肉粉红，质地脆硬，汁较多，淡红色，离核，核小，甜酸适度，品质上等。成熟期在6月中旬，采前遇雨有裂果现象。

意大利早红（莫瑞乌）

树势强健，树姿较开张，萌芽率高，成枝力强，幼树生长快，成龄树以短果枝和花束状果枝结果为主。多年生枝条赤褐色，皮孔多中大，散生，节间较短。叶芽大，贴生，呈三角形。叶片倒卵圆形，叶尖急尖，叶基部楔形，叶色浓绿，有皱褶，锯齿钝，单齿，无针刺，叶柄中粗。花期集中。果实短鸡心形，中大，通常单果重8～10克，最大果重12克，果面紫红色（图3-16）。果肉红色，细

图3-16 意大利早红

嫩，肉质厚，硬度中，果汁多，风味酸甜，品质上等，可溶性固形物含量11.5%。果实生育期32天。生产中因授粉组合不好坐果率偏低，要特别引起注意。根据临朐县果树站试验，以雷尼、先锋、大紫为授粉树，坐果最好。

早 红 宝 石

乌克兰品种，是成熟最早的品种之一。果实阔心脏形，中等大，通常单果重4～6克，果皮紫红色，果点玫瑰红色，柄洼凹陷，两果肩高，果柄易与果枝分离，果皮细，易剥离，果肉深红色，果核小，肉质细嫩多汁，果汁红色，酸甜适口，可溶性固形物含量12%，离核，品质中等。果实发育期27～30天。叶长椭圆形，有锯齿，叶尖急尖，叶基圆形，叶脉羽状清晰，叶柄短。植株生长中等，树冠圆形、紧凑，以花束状果枝和短果枝结果为主，栽后3年开始结果，极早熟。

胜 利

乌克兰品种。果实大，通常单果重10～12克，最大果重达15克以上，扁圆锥形，紫红色，汁多，酸甜，硬肉，鲜食品质极佳。果实发育期50～55天，耐储运。植株健壮，抗寒抗旱，以花束状果枝和短果枝结果为主，较丰产。

友 谊

乌克兰品种。果实扁心脏形，大型果，平均单果重13克，果面光滑，鲜红色至紫红色，蜡质层厚，色泽光亮，果顶平展，缝合线细，紫黑色。果柄中粗、较长，果肉硬脆，浅红色，果皮厚，离核，酸甜适口，可溶性固形物含量16%～19%，品质极佳。树冠开张，生长势较弱，成枝力中等，萌芽率高，成花容易，结果早，花期较晚，应选花期较晚的品种做授粉树。

奇　好

果实大，通常单果重8～9克，圆形或心脏形。果柄中长、中粗，易与果枝分离。果实底色黄色，完熟时面覆有鲜亮的玫瑰红斑点，几乎覆盖全部果面（图3-17）。果皮细薄、紧密。果肉奶油色，硬脆致密，汁多无色，酸甜可口，品质优。果核小，椭圆形，平滑，半离核。遇干旱易裂果。果实发育期50～55

图3-17　奇　好

天。适于鲜食和加工。树体较大，树姿开展而速生，分枝多，叶茂盛。耐寒，耐旱，高产。以花束状果枝和1年生果枝结果为主。自花不实，适宜的授粉品种有宇宙等。

斯　坦　拉

原产加拿大。果实大小中等，平均单果重7.1克，最大可达10.2克。果实心脏形，果柄细长。果皮深红色，具光泽，艳丽夺目

（图3-18）。果肉质密而硬，果汁中多、酸甜可口，可溶性固形物含量16.8％，风味极佳。6月中下旬成熟。该品种抗寒性稍差，但其结果早，丰产性极好，又较抗裂果，耐储运。还是一个良好的授粉品种。

图3-18　斯坦拉

第四讲
甜樱桃苗木繁殖

目前生产上发展的樱桃主要是甜樱桃，其他樱桃作为甜樱桃的砧木进行繁殖。

一、砧木种类与特性

1. **考特（Colt）** 主要分布在山东临朐县及其周边县（市）。为1958年英国东茂林试验站用欧洲甜樱桃和中国樱桃杂交育成的第一个甜樱桃半矮化砧，1977年开始推广，20世纪80年代引入我国。考特的分蘖和生根能力很强，容易通过扦插和组织培养繁殖。其砧苗须根发达，生长旺盛，干性强，抗风、抗寒性较弱，抗涝性强，大树移栽成活率高。基本与甜樱桃所有品种嫁接亲和性好，结果后无早衰现象。该砧木毛细根系发达，嫁接的甜樱桃无小脚现象且生长旺盛，建园后生长整齐，成型快，产量高，特别是在保护地栽培中可连续扣棚，高产稳产。在山东临朐县嫩枝全日光弥雾扦插和硬枝扦插都很成功，是栽培甜樱桃主要砧木之一（图4-1、图4-2）。在英国主要用组织培养进行繁殖。考特适合在湿润的土壤中生长，不宜在背阴、干燥和无灌溉的条件下栽培。早果

图4-1　考特嫩枝扦插

图4-2　考特硬枝扦插

性优于大青叶，在土壤pH8.0以上出现黄化现象。

2.**本溪山樱桃**　主要分布在东北的大连地区。喜光，喜肥沃、深厚而排水良好的微酸性土壤，中性土也能适应，不耐盐碱，耐寒，喜空气湿度大的环境。根系发达，抗倒伏，抗旱，丰产性好，适应性强，忌积水与低湿。是我国应用较广泛的樱桃砧木。用种子繁殖，砧木苗生长旺盛，当年即可嫁接，成活率高，而且嫁接后的樱桃结果早，但易出现小脚现象，也容易出现树体大小不一、园像不整齐现象。

3.**大青叶**　山东省烟台市高新区大樱桃砧木科学研究所经过20多年的考察和研究，筛选出的优良甜樱桃砧木。该品种叶片宽大浓绿，根系发达，垂直根较多，根系在土壤中分布范围广，且较深，一般在地表30厘米以下，最深可达1米多。抗倒伏，休眠时间长，养分积累好，抗寒、抗旱性强，但不抗涝，抗根癌病，根系粗壮且分布广，但毛细根明显少于考特根系，大树移栽成活率比考特砧木低。用大青叶做砧木的成龄甜樱桃树，其花束状结果枝连续结果能力强，盛果期长，丰产、稳产，嫁接亲和力强，

无小脚现象。大青叶嫁接甜樱桃生长旺盛，挂果时期晚，适合瘠薄地栽植，在肥沃土壤上栽植需要适当控制旺长。

4. 马哈利 西北农林科技大学园艺学院果树研究所大樱桃课题组在1994年从匈牙利引进马哈利，是欧洲大樱桃育苗的主要砧木。因其极少生根蘖苗，枝条又不易生根，故多采用种子繁殖。马哈利根系发达，抗旱，抗寒，可耐−30℃的低温，抗根癌病，矮化、早果，耐盐碱，在pH8.4的土壤条件下马哈利砧大樱桃仍生长良好。马哈利的缺点是根系浅，有小脚病现象。马哈利根部的气味最容易诱引蛴螬啃食，若不及时处理会造成巨大损失，处理办法是每年4月、8月用药液灌根。马哈利适宜在透气性好的沙壤地栽培，黏土地栽培则生长不良且容易在嫁接部位发生茎基腐病，也有建园后生长不整齐现象。

5. 吉塞拉（Gisela） 由德国引进的三倍体杂种。20世纪60年代德国吉森市的沃纳·格仑普等以酸樱桃、甜樱桃、灰毛叶樱桃、灌木樱桃等几种樱桃属植物进行种间杂交，选育出多个性状优良的无性系甜樱桃矮化砧，称吉塞拉系列。嫁接其上的树冠，表现为矮化紧凑、早果、丰产、抗根癌和流胶病，并且可在黏重土壤和碱性土壤上生长状况良好。该砧木与其他品种的嫁接亲和性强，对环境要求不严格。其中形状较好的有吉塞拉5、吉塞拉6、吉塞拉7和吉塞拉12。吉塞拉属于矮化砧木，栽植的前3年生长旺盛，以后迅速进入结果期，适合肥沃地和水源充足地栽培，不适合山岭瘠薄地，可以进行矮化密植栽培。吉塞拉砧木嫁接的樱桃容易成花，但进入结果期后因产量高而容易早衰，所以应及时进行回缩和采用大肥大水管理（图4-3）。

图4-3　吉塞拉砧木嫁接表现小脚

6. ZY−1 中国农业科学院郑州果树研究所1988年从意大利引进的甜樱桃半矮化

砧木。其特点是根系发达，萌芽率及成枝率均较高，抗寒、抗旱性强，根癌抗性一般，幼树生长较快，进入结果期后，树势明显下降。与甜樱桃品种嫁接亲和力好，无小脚现象，结果期早，稳产，在黏重土壤和碱性、酸性土壤生长良好。缺点是特别容易生根蘖苗。

7. 兰丁系列 为1999年在北京市农林科学院林业果树研究所进行远缘杂交所得。母本为甜樱桃品种先锋，父本为中国樱桃种质对樱。兰丁系列砧木根系发达，根系分布较深，侧生性粗根发达，抗根癌能力强，抗重茬，根系下扎，固地性好，耐瘠薄，较耐盐碱，耐褐斑病。嫁接树整齐度高，幼树生长旺盛，形成树冠快，但幼树新梢在大连地区有冻死现象，高寒地区引进需要注意。3年见果，4年丰产，果实品质优良。具体表现，各个甜樱桃栽培地区还在观察中。

二、育苗技术

考特、兰丁、吉塞拉、大青叶、ZY-1等砧木的繁殖有压条、嫩枝扦插和硬枝扦插3种方法（图4-4）。压条繁殖比较慢，一般不用，故采取的繁殖方法主要是嫩枝扦插和硬枝扦插两种。嫩枝扦插根系发达，是最好的繁殖方法。吉塞拉还有通过组织培养进行工厂化育苗，不过费用较高（图4-5）。本溪山樱和马哈利通过种子繁殖。

1. 嫩枝扦插 日光弥雾嫩枝扦插5～10月进行，弥雾池铺15～20厘米干净无污染的细沙，并用1 000倍高锰酸钾杀菌消毒，在池

图4-4 兰丁砧木扦插苗移栽大田

图4-5 吉塞拉组培苗移植大田

上安装弥雾喷头。将半木质化嫩枝剪成长20厘米段，去掉下部叶，上部留2～3片叶，按4厘米×4厘米株行距插入沙中，白天弥雾，前期喷10分钟停3分钟，后期喷10分钟停5分钟，要保持叶片上有水珠，不能干燥，晚上不喷。每5～10天喷1次70%代森锰锌或50%甲基硫菌灵600～800倍液加0.3%磷酸二氢钾，以达到杀菌和补充营养的目的。待嫩枝生根长出幼叶后，植入营养钵中放在背阴处，定时喷水，苗木幼芽萌发、毛细根生长后即可移栽。或者在阴雨天和有微喷带的情况下直接移栽大田，对移栽的苗木要求边起苗边移栽，幼嫩根系不能在露天存放太久。对于9月和10月扦插的嫩枝，生根后不要移栽，放在细沙内用塑料膜或草帘覆盖，第二年春季于发芽前移栽到大田里。注意扦插用的细沙要干净，最好一次一换，如果连用要充分杀菌。

2. 硬枝扦插 当樱桃树落叶进入休眠期后，采集1～2年生的砧木枝条或萌蘖条。将硬枝条剪成长20厘米左右的枝段，上端剪口在芽上1厘米处剪平，下剪口在上剪口芽的对侧剪成马蹄形，然后按枝的粗细、长短分级，每50根一捆，将剪口平齐，放在50～100毫克/升的ABT2号生根粉溶液中浸泡4～6小时，然后在沙中或土坑中保存。第二年当下部形成愈伤组织后扦插，也可以在2月中下旬开始按上述方法剪条，然后用倒催根的方法，待基部形成愈伤组织后直接扦插到大田里。扦插的枝条露出地面1～2个芽，株行距20厘米×30厘米，浇透水后覆盖地膜，正对插条顶端开孔露出插条，再用土覆盖孔，避免膜底产生水汽灼伤芽体。幼苗不耐干旱，前期要多浇水，以利成活。或者扦插后盖上拱膜，白天温度高时放风，晚上盖严，直到发芽后去掉塑料膜（图4-5）。

3. 种子繁殖 是本溪山樱和马哈利育苗的主要方法。本溪山樱和马哈利种子有后熟现象，种子采收后立即沙藏，沙子要求干净、无病菌的细河沙，沙子湿度在含水量50%～60%，即用手一攥成团、一撒即散，放在背阴或阴凉处埋藏，待播种时取出。播种有两种办法：①沙藏到第二年3月，待达到一定积温，地温在10℃左右时种子即可萌发，此时应将发芽种子人工拣出露地播种。

一直到地温升至20℃种子停止发芽，然后将未发芽的种子继续沙藏，第三年仍有40%的发芽率。其优点是成活率高，苗子整齐，节约种子。②将种子沙藏到当年10月份至封冻前，在露地直播，按照苗床的行距，挖深6厘米左右的沟，把种子均匀地撒在沟里。株距要求密一点，以备有不发芽的坏种子。露地播种后及时冬灌、春灌，春节后及时覆膜，待见苗后及时破膜。此法优点是省工，缺点是浪费种子。

4. 栽植和嫁接前管理 苗圃地要求沙壤土和壤土，排灌水良好。封冻前做好土壤杀菌，同时施入3 000～4 000千克圈肥深翻，整平，作成畦面宽90厘米、畦背30厘米的苗畦，以备来年使用。栽植时，苗木按株行距15厘米×30厘米移栽于畦中，每畦4行。幼苗不耐干旱，当0～20厘米土层含水量低于20%时，即需浇水，苗高15厘米和30厘米时，各进行一次追肥，每亩沟施撒可富复合肥或果树专用肥20千克，施肥后立即浇水。长至50～60厘米时及时摘心，增加基部粗度，以利于嫁接。

5. 接穗的采集和储藏 接穗采自于健壮的结果树或采穗圃中。秋季嫁接，可采成熟好、芽饱满的1年生枝，随采随接；春季嫁接，可于落叶后或第二年1～3月采成熟良好、芽饱满的1年生枝，采后沙藏或用塑料袋包装置冷库中储藏。

6. 嫁接时期和嫁接方法 甜樱桃嫁接受温湿度影响较大，嫁接成活率低，有以下几个适宜时期：①春季3月下旬至4月上旬。②夏季6月上中旬。6月下旬气温高达30℃以上，且为汛期，接口处易流胶，嫁接不易成活。③秋季9月上中旬。过早，气温高，接芽易萌发。过晚，气温低，不易愈合，成活率低。嫁接时如果苗圃干旱，要适当浇小水，以提高成活率。嫁接方法有带木质部嵌芽接法、丁字形芽接法和枝接法（图4-6至图4-9）。

春季嫁接完成1个月后，当砧穗完全愈合时，即可在接芽与基砧结合部上端1厘米处剪砧，待新梢长到30厘米以上时解掉接芽绑绳，秋季嫁接的苗木在第二年的3月中旬剪砧解绑，之后随时抹掉基砧的新萌发芽。

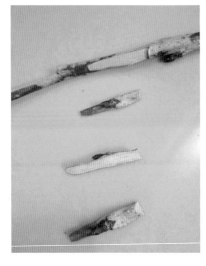

图4-7　带木质部芽接砧木和接芽镶
嵌方法

图4-6　带木质部芽接割芽方法

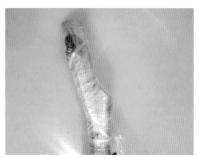

图4-8　枝接砧木与接芽镶嵌方法　　　图4-9　枝接绑扎方法

7.嫁接后苗圃管理　嫁接苗成活后要加强管理，在发芽前和生长时期视天气情况适时浇水，保持土壤湿度而且保证没有涝害现象。当樱桃嫁接苗长至30厘米时，要及时设立支柱绑扶，防止倒伏，使幼苗垂直向上生长，或插小竹竿，将苗木绑于竹竿上。

嫁接后苗圃要追施2～3次速效肥，追肥时间一般在6月上中旬和7月下旬各进行一次，每亩施用尿素15～20千克，施肥后及时浇水、划锄保墒。在嫁接苗后期注意适当控制浇水并叶面喷施0.3%磷酸二氢钾，以促进嫁接苗生长充实。对于计划进行圃内整形、培养大苗的，应适当加大株行距，按整形要求苗高70～80厘米时进行摘心处理，促发副梢形成一级主枝。为了培养良好的树形，对基部萌发的芽应及时抹去，只保留上部的萌发的枝作主枝和中心领导干枝，在达到需要长度后再行摘心，以促使枝干生长充实。也可以把苗木按2米×2.5米的株行距移栽在大田里，按整形要求育成大苗，待见花后移栽建园，节约土地资源。

　　育苗期间，要进行喷药杀菌消毒防治苗木病害（如根癌病、落叶病、穿孔病等），同时要防治红蜘蛛、刺蛾、毛虫等害虫，直至出圃。苗木出圃规格、分级见表4-1。

表4-1　甜樱桃苗木出圃规格

项目	规格	等级		备　注
		一等	二等	
根	主侧根最低个数	8个以上	4个以上	①一、二等苗的侧根须分布均匀，不能偏于一方，舒展而不卷曲；②二等苗因侧根较少，故应有较多小侧根和须根；③侧根基部直径指主根分权以上1.5厘米处直径
	侧根最低长度（厘米）	21	15	
	侧根基部直径（厘米）	0.36以上	0.28以上	
茎	高度（厘米）	80～150	75～120	①在75厘米以下为不合格苗；②如发生侧枝的苗木，其长度按秋梢以下计算；③由于特殊需要在砧木上行高接的，可根据具体情况自行规定高度
	嫁接部位10厘米以上的直径（厘米）	1.00	0.75	
芽	嫁接部位以上45～80厘米需有邻接健壮芽的个数	8个以上		①凡进行高接的，可根据具体情况自行规定；②凡发生侧枝的苗木，其梢必须在整形带以内，并有充实健壮的芽
嫁接部位	愈合程度	完全愈合		
砧木	砧桩处理	剪除枯桩愈合良好		

第五讲
甜樱桃建园及栽植

一、园址的选择与规划

甜樱桃是经济价值很高的果树，为了获得良好的经济效益，要求从选择园址开始，即要高标准、严要求。为了选好园址，应该了解甜樱桃生长的特点：第一，甜樱桃不耐涝，也不耐盐碱，因此要选择雨季不积水、地下水位低的地块建园，盐碱地不宜建园。第二，樱桃不抗旱，主根系不很发达，要选择土壤肥沃、疏松，保水性较好的沙质壤土，不宜在沙荒地和黏重土壤上建园，同时一定要有灌水条件。第三，樱桃树一般根系较浅，容易被大风吹歪或吹倒，园址应选背风向阳的地块或山坡，并重视营造防风林或防风墙。第四，樱桃树开花早，易受霜害。俗话说："雪下高山，霜打洼地"，要把园址选在空气流通、地势较高的地方。第五，樱桃要抢市场，应选择交通方便的地点，最好是大城市郊区和果品市场周边，方便市场销售。另外，因樱桃外形美观，深受人们喜爱，所以很适宜发展观光果园，果园的地点可以与旅游点相结合。

园址选好后，还需要对果园进行统一规划，将其划分成几个作业小区，有贯通全园的道路，平原地区要有防风的防护林，此外还要有管道灌水和排水系统，以及有机械化打药的设备。

二、品种选择和配置

1.品种选择 从品种上首先要求发展最优良的品种，要做到高起点。苗木繁殖不要在一个地方重复育苗，最好换茬地育苗，这样苗木优良，根系发达。在发展樱桃时要考虑市场的需要，根据不同地点，选择不同品种。山西运城、陕西西安周边早熟地区，可以选早熟品种，如红灯、早大果、意大利早红、美早等。中熟地区，如山东潍坊等地，应早、中、晚熟品种结合，采用冷棚栽培。烟台、大连、秦皇岛、青海等晚熟地区，选晚红珠、萨米脱、红手球等晚熟品种。

销售方面。黑珍珠、美早、含香、先锋、拉宾斯等黑色、硬度大的品种，适宜南方市场。雷尼、红艳、红蜜、奇好等黄色品种，味甜，但果软，不耐储运，适合本地及周边销售。

风味方面。应该以甜为主，甜酸适口，风味上佳。

丰产性方面。应该选早果丰产的品种。拉宾斯、先锋、雷尼、布鲁克斯等都比较丰产。红灯、美早等树势旺，结果晚，丰产性中等。

抗裂果方面。裂果是影响果实品质的重要因素。据观察，乌克兰系列、布鲁克斯等裂果重，红灯、美早、雷尼等裂果中等，先锋、拉宾斯等裂果轻。

2.配置授粉品种 甜樱桃属异花授粉品种，自花授粉结实率低，只有个别品种如拉宾斯、先锋、黑珍珠能够自花结实，但最好也要配授粉树。所以，生产上发展果园时一定要配置授粉树。

甜樱桃的花粉量不是很大，其中以红灯最少。所以授粉树的比例应该大一些。只有配置足够的授粉树，才能保证满足授粉受精的要求。在成片的樱桃园中，授粉树种不能少于1/3，授粉品种要求2种以上，大棚栽培授粉品种要求一是多（2个以上），混合花粉授粉好；二是栽植分布均匀，将授粉品种搭配在行间，因为蜜

蜂飞行时，一般是顺地球磁力线飞行。授粉树的要求是：①花粉量多，开花整齐。②和主栽品种花期基本一致，或者早1～2天。③品质优良，丰产，自花结实率高。④与主栽品种基因型不同，亲和力高。不同樱桃品种的基因型见表5-1，从表中可以选择不同基因型的授粉品种。

表5-1　不同樱桃品种的S基因型

（张福兴提供）

基因型	品　　种
S1S2	萨米脱、砂蜜豆、大紫、法兰西皇帝B、巨早红、巨晚红、早丰王
S1S3	先锋、斯帕克里、雷吉娜、Gil Peck、Olympus、Samba、Sonnet、Sumele、福星
S1S4	甜心、黑珍珠、桑提那、雷尼、唱罢红、拉宾斯、早生凡、塞艾维亚（Sylvia）
S1S6	红清（Beni-Sayaka）、Mermst
S1S9	早大果、奇好、友谊、极佳、福辰、布鲁克斯
S2S3	维卡、马苏德（Mashad Black）、林达（Linda）、Sue、维克托（Victor）
S2S4	维克（Vic）、莫愁（Merchant）
S2S7	早紫
S3S4	宾库、那翁、兰伯特、Ulstar、Yellow Spanish、Star、法兰西皇帝、安吉拉、抉择、斯坦拉、红丰、艳阳
S3S5	海蒂芬根
S3S6	黄玉、柯迪亚、南阳、佐藤锦、红蜜、早露（5-106）、宇宙、养老
S3S9	布莱特、Moreau（莫莉）、Chelan、美早、早红宝石、红灯、红艳、岱红、吉美
S3S12	施奈德斯、Princess
S4S6	佳红、Merton Glory
S4S9	龙冠、巨红、8-129
S5S13	卡塔林、马格特、斯克奈特（Schmidt）
S6S9	晚红珠（8-102）、Black Tartarian E

三、栽植密度与方式

1.**栽植密度** 栽植密度要考虑到立地条件、砧木种类、品种特性及管理水平。一般立地条件好，乔化砧品种生长势强，栽培密度要小一些；山地果园、矮化砧、品种生长势弱则栽植密度宜大一些。平原地乔化砧木适宜的密度为4米×5米、3米×3米、3米×4米。山地乔化砧木栽植密度为3米×4米、2.5米×4.5米。平原地矮化砧木栽植密度为2米×4米、2米×3.5米、1.5米×3.5米。山地最好不用矮化砧木。

2.**栽植方式** 根据地形而定。一般采用南北行，通风透光，可以进行宽行密植，便于机械化操作，省工省力。另外，在定植果树后的前1～3年，可以种一些间作植物或者间作绿肥。

四、栽植时期和方法

1.**栽植时期** 分为秋季栽植和春季栽植。秋季栽植在10月23日（霜降）至11月22日（小雪）期间进行。秋季栽植好处是：起苗的根系伤口在冬天会形成愈伤组织，第二年春天地温回升后，愈伤组织会生出毛细根，吸收养分，供上部芽萌发，成活率高，生长旺盛，不缓苗。缺点是：冬季低温、多风、干旱，容易抽干。所以，对于秋季栽植的树要进行充分浇水，然后培土或覆盖地膜。春季栽植，适时栽植的具体时期各地不同，以物候期为标准，即在樱桃苗的芽将要萌动前种植，约在3月中旬以后。春季栽植的缺点是出现缓苗现象，生长势弱。

2.**起垄栽植方法** 甜樱桃特别怕涝，为了防止内涝，利于排水，并保证根系土壤通气，可以用小挖掘机或者深翻犁起垄，垄顶整平，形成宽1.0～1.5米的垄顶，垄高20～40厘米，将树种在垄的中央。这种方法不但有利于排涝，保证根系处不积水，同时表土增厚，特别有利于幼树生长。

3.栽植方法 没有起垄的山地果园以及平原土壤贫瘠地区要挖较大的定植沟,在栽植前一年挖好,要求沟宽1米、深60～80厘米。再将碎树叶、植物碎秸秆、杂草等与周围的表土混合后,混入一定量完全腐熟的有机肥,回填入坑内,将坑填平,浇水沉实备用。平原土壤肥沃深厚的地区,起垄整平备用。栽植时按株行距要求,挖一个与根系大小相适应的小穴,树苗放在穴中,使根系伸展,而后填上疏松的表土,埋土后稍稍提动苗子,使根系四周与土壤密接,再踏实,整树盘,浇水,而后树周培上堆,防止风把树刮歪。要求树苗的栽植深度和树苗在苗圃中的深度相同。切忌栽植过深,过深则苗木生长不旺。

4.地膜覆盖 北方地区常常春季干旱,而甜樱桃栽植后浇水非常费工,同时灌水会降低地温,减少土壤的孔隙度,不利于根系生长,所以要在树盘覆盖地膜,两边用土压好。地膜覆盖的优点:①利于土壤保墒,防止土壤水分蒸发。②提高土温。早春种树时土温比较低,根系活动困难,而地膜覆盖能提高土温2℃左右,促进了根系早活动,不但能确保栽植的成活率,而且可使幼苗提早发芽和生长。③抑制杂草生长,省工省力。

第六讲
甜樱桃土肥水管理

樱桃为浅根性果树，大部分根系分布在土壤表层，表现不抗旱、不耐涝、不抗风，对土肥水要求较高，因此土壤肥沃、水分适宜、通气良好，是甜樱桃优质、丰产、稳产的基础。

一、土壤管理

土壤管理首先在栽植前要打好基础。特别是山地果园，要求修水平梯田，挖定植沟种植，有喷灌或者滴灌设施的要求起垄栽培，在栽植后还需不断改良土壤（图6-1）。只有在土壤的肥、水、气、微生物等从表层到深层都良好的情况下，甜樱桃根系才会发达，分布较深，有利于地上部分的生长发育。

1. **起垄栽培** 用拖拉机或者小型挖掘机将活土层起高30～50厘米、上部宽1.0～1.5米、底部宽1.5～2.0米的梯形垄，垄宽根据行距而定，上部整平，然后栽树（图6-2）。起垄栽培的优点是：①土壤活土层都集中在垄上，土壤肥力好，通透性强，特别是土层比较薄的瘠薄山地，利于优化土壤结构。②春天地温升得快，根系活动比较早，有利于吸收水分和无机盐。③低洼容易积水的

图6-1 起垄栽培建园

图6-2 起垄栽培

土壤，减少因夏天雨多排水不畅而涝死树。④可以起到适当限根栽培的作用，对生长旺盛的树比较好控制树势。⑤肥水管理方便。

2.中耕松土 中耕松土可以在浇水或者雨后结合施肥进行，用小型旋耕机等，一是疏松土壤，二是切断土壤毛细管以减少土壤水分蒸发，三是去除一些和树竞争养分的杂草等。中耕深度一般在5厘米左右，深了伤根。

二、合理施肥

樱桃不同树龄和不同时期对肥料的要求不同：3年生以下的幼树，树体处于扩冠期，营养生长旺盛，这个时期对氮需要量多，应以氮肥为主，辅助适量的磷钾肥，促进树冠的形成；4～6年生初果期树，应以施有机肥和复合肥为主，做到控氮、增磷、补钾，主要抓好秋施基肥和花前追肥；7年生以上盛果期树，除秋施基肥、花前追肥外，要注重采果后追肥和增施氮肥，防止树体结果过多而早衰。可以说，秋施基肥、花前追肥及采果后追肥是甜樱桃施肥的3个重要时期。

1．**秋施基肥**　秋施基肥是甜樱桃用肥的最关键一次，可以占全年用肥量的70%以上。秋施基肥以有机肥为主，除了可增加土壤有机质外，还可优化土壤结构，防止板结，增加孔隙度，补充微量元素，提高缓冲性和保肥性，减轻土壤中农药残留和重金属污染。

（1）*施肥种类*　秋施基肥以腐熟好的有机肥，如牛羊粪、植物秸秆、蘑菇菌棒、豆饼等，可以自己发酵，也可以用成品菌肥。这次施肥可以结合用三元复合肥和一些钙镁磷钾肥。鸡粪因含抗生素、食盐，容易生线虫等，不宜连年施用。

（2）*施肥时间*　宜在8月下旬至10月间进行，以早施为好。这个时期是根系的第三个生长高峰期，施肥时断根相当于根系修剪，很快就生长出新的吸收根，可尽快发挥肥效，有利于树体储藏营养，有利于樱桃树的花芽后期分化和第二年开花坐果。

（3）*施肥方法*　开沟深施肥。开沟深施肥能优化土壤结构，促进根系生长，增加吸收根数量，增强养分的吸收能力，健壮树势。浅沟施肥或地表撒施易导致根系上浮，不抗冻、不抗旱、不耐涝，不利于深层根的生长。方法是在树的一侧，挖深、宽各40厘米的沟，然后把准备好的有机肥和土充分混合后施在沟里，施肥后马上浇水（图6-3）。第二年在另一侧，轮换挖沟，4年完成一

图6-3　开沟深施肥

棵树四周施肥。

　　根据山东农业大学姜远茂教授试验，将一定量的有机肥分别在树的一侧用、两侧用和四侧用3个对比，生长1年后进行测量，结果是：在一侧施肥最好，效果显著。也就是说，有限的有机肥集中施用，氮肥利用率和根茎叶生长等均显著好于分散施肥。

　　（4）施肥量　有机肥用量基本按照结果量来算，最少达到"斤果斤肥"，条件好的，可以适当多用。速效肥可以用含氮高点的复合肥，或者磷酸二铵：硫酸钾：尿素=1：1：1配比。初果期树施用1千克/株，盛果期树施用1.5～2.5千克/株。这个时期秋梢已经停长，追施氮肥不会旺长，对树体储存营养有很大好处。钙镁磷肥适当用，还可以调节土壤酸碱度。

　　2. 花前追肥　甜樱桃开花坐果期间对营养条件要求较高。萌芽、开花消耗的是储藏营养，坐果后则主要靠当年营养。因此，花前追施速效氮肥对促进开花、坐果和枝叶生长都有显著作用。可在樱桃树开花前1个月，即2月下旬至3月上旬，追施一次速效肥，以氮肥为主，肥料可用碳铵加磷钾肥，施肥方法是放射沟（图6-4）或者环形沟施，深度10厘米即可，也可以在花前结合喷石硫合剂喷施5%尿素溶液。在盛花期土壤追肥肥效较慢，可以采用盛花期前期喷施0.3%尿素＋0.1%硼砂＋600倍磷酸二氢钾，以有效提高授粉坐果率，增加产量。

图6-4　放射沟施肥

3. **采果后追肥**　采果后肥，俗话叫"月子肥"，是采果后恢复树势的关键肥。露地种植的甜樱桃树在采果后10天左右开始分化花芽。因为根系第二次生长高峰在这个时期，施肥对毛细根的生长和吸收养分作用很大。这个时期新梢没有完全停长，施肥以低氮、高磷、高钾肥为主。磷肥有利于花芽分化，钾肥增加树体抗病性，低氮则新梢不容易旺长。肥料的种类为磷酸二铵：硫酸钾=1：1的比例，幼树1.5千克/株，盛果期树2～3千克/株。施肥方法也是放射沟或者环形沟，施肥后马上浇水。

4. **叶面肥**　叶面肥可在喷药的同时添加，对一些容易缺的钙等，可在硬核前单独喷1次，硬核后到变色前喷2次，增加樱桃果实硬度和亮度，减少裂果。为增加树体养分积累，可在落叶前，山东临朐在霜降后（10月23日左右），喷一次5%尿素+1%硼砂

（或硼酸），增加树体氮储存量。据美国康奈尔大学教授程来亮研究，果树开花、坐果消耗的养分70%～80%来自树体的储存氮，笔者试验，弱树补氮对第二年开花坐果有很大作用。

5. 其他追肥　根据樱桃果实发育情况，可以在硬核后追施磷钾肥、中微量元素肥等。这次肥以水溶肥、冲施肥为主，通过水肥一体化施用，达到快速吸收的目的。

施肥坚持的原则是：有机肥集中施用；速效肥尽量均匀施用，做到少量多次，或者施用控释肥、缓释肥。山东农业大学彭福田教授试验，樱桃树用控释肥或者缓释肥的毛细根明显多于对照，并且毛细根发根多、新鲜，坏死根少。

6. 果树必需元素和有益元素的作用　果树所必需的16种营养元素和有益元素在果树体内都有各自的重要生理功能，每一种营养元素的缺乏或不足都会影响果树的新陈代谢和生理生化功能，导致果树生长受阻，并出现缺素症状。碳、氢、氧是果树从空气和土壤中的水分中吸收得到的，其余的元素通过土壤或者人工补充。

（1）氮（N）　氮是植物体内核蛋白、核酸、酶、磷脂、叶绿素、某些植物激素、维生素、生物碱等重要有机化合物的组分，也是遗传物质的基础。氮对植物生命活动以及植物产量和品质均有极其重要的作用。合理施用氮肥是获得植物高产的有效措施。植物吸收的氮素主要是铵态氮和硝态氮。

硝态氮（NO_3^-）带负电荷，土壤胶体也是带负电荷，所以硝态氮在土壤中容易流失。植物吸收硝态氮是主动吸收，土壤pH高则植物对硝态氮的吸收减少。果树吸收硝态氮后一部分在细胞的液泡中储存起来，大部分硝态氮在细胞中被还原成氨后形成氨基酸、蛋白质。硝态氮的还原，钼是活化剂，所以缺钼会造成硝酸盐积累中毒。硝酸盐还原过程中需要消耗H^+，同时释放出OH^-，植物吸收NO_3^-和排出OH^-的比大约10：1，所以施用硝态氮土壤显碱性，碱性土壤不宜施用硝态氮。

铵态氮（NH_4^+）带正电荷，由于土壤胶体吸附作用，所以在土壤中不容易流失。植物吸收铵态氮机理与 K^+ 相似，所以铵态氮与 K^+ 之间有竞争效应，铵态氮以 NH_3 的形式被吸收，所以释放出等摩尔量的 H^+，容易使土壤酸化，酸性土壤对铵态氮吸收量低。植物碳水化合物含量高时，能促进铵态氮的吸收，铵态氮吸收后，在根细胞中同化成氨基酸，然后向上运输。当植物组织中 NH_3 浓度高时，会产生毒害，所以植物不能储存 NH_3，只能与谷氨酸合成谷氨酰胺储存。

尿素属于酰胺态氮肥，是化学合成的有机态氮。尿素在植物体内由脲酶水解产生氨和二氧化碳，才能被利用。所以尿素属于中性肥，肥效稍微慢一点。尿素在高温时容易产生缩二脲，容易伤根。

脲甲醛属于缓释氮肥，施入土壤后在微生物作用下水解为甲醛和尿素，后进一步分解成铵态氮。

缺氮： 首先表现在下部叶片黄化，然后逐渐向上部叶片扩展，植株生长迟缓。

氮过剩： 造成果实贪青晚熟，秋后旺长，落叶晚，过多的氮素消耗大量碳水化合物，使果实蛋白质增加，糖分转化较少，影响果实品质，易诱发真菌病害，使果树储存营养少，降低抗冻性。

（2）**磷（P）** 磷也是核酸、核蛋白、磷脂等重要化合物的组分，参与碳水化合物代谢、氮代谢和脂肪代谢，还能调节可溶性糖和磷脂含量等，提高植物的抗逆性和适应能力。磷能促进根生长点细胞的分裂和增殖。磷与植物激素形成与运输有关系。研究表明，果树花芽分化受磷的影响，叶片中磷浓度与第二年开花数呈正相关，叶片中磷浓度高，激素活性高，花芽分化好。磷还能增加果实干物质，提高果实品质。

植物通过根毛区吸收磷，吸收面积大。磷吸收后在木质部导管中为无机态，在植物体内移动大，吸收后首先输送到幼叶，几天才转移到老叶，磷进入细胞后迅速形成有机含磷化合物。新叶不仅靠根吸收的磷酸盐来供应，而且靠老叶中有机态磷补充，所以老叶容易缺磷。影响磷吸收的因素有植物根分布特性、土壤供磷状

况、菌根（菌根增加吸收面积）、环境因素、养分的相互作用等。

缺磷： 植物缺磷时细胞分裂延迟，影响新细胞的形成和伸长，糖分运输受阻，糖分大量积累于叶片中，有利于花青素的形成。果树缺磷，芽的形成和发育慢，果实品质差，叶片呈褐色，早落果。缺磷的症状首先出现在老叶上。

磷过剩： 磷过剩主要表现为叶片肥厚密集，叶色浓绿，地上部生长受抑制，根系发达，大量施用磷肥将诱发锌、铁、镁缺乏症。碱性土壤容易缺磷。

（3）**钾（K）** 钾是重要的品质元素。钾不仅参与植物的碳氮代谢，促进光合作用，还参与蛋白质的合成，调节细胞的渗透压和气孔的开闭，并能激活多种酶，促进有机酸代谢。钾还参与植物体内糖类的形成和运输，增强植物抗旱、抗寒、抗高温、抗盐、抗病、抗早衰等抗逆性能，改善产品外观，增加果实甜度，延长产品储存期等。

钾在植物体内不形成稳定的化合物，以离子状态存在，以可溶性无机盐存在于细胞中，或者以钾离子形态吸附在原生质胶体表面。钾在植物体内流动性很强，随植物生长中心转移而转移，植物能多次反复利用。植物钾不足时，优先分配到幼嫩组织，所以幼芽、幼叶和根尖中的钾含量极为丰富。

缺钾： 植物缺钾症状首先表现是老叶从叶尖和叶缘开始黄化，俗称"黄金边"，严重时有坏死斑点，有时叶缘焦枯。由于叶中部比叶缘生长快，整片叶子常形成杯状弯曲或褶皱。根系生长停滞，毛细根生长差，易出现根腐病，植株抗病性低。

钾过剩： 一般土壤不会出现钾过剩的现象。钾过剩主要是由于钾肥施用过多而引起。钾过量阻碍植株对镁、钙、锰和锌的吸收而出现缺镁、钙、锰或缺锌的症状。

（4）**钙（Ca）** 属于中量元素。钙是细胞壁的重要组成成分，能稳定细胞膜结构，调节膜的透性和有关的生理生化过程，在植物对离子的选择性吸收、生长、衰老、信息传递以及植物的抗逆性等方面有重要作用。钙还能促进细胞的伸长和根系生长，调节渗透作用，参与离子和其他物质的跨膜运输，有酶促作用。因此，钙能增强植物抗病能力，减少裂果，改善果实品质，延长储藏期。

缺钙：植株生长受阻，节间较短，且组织柔软。缺钙首先表现在幼嫩组织，植株的顶芽、侧芽、根尖等分生组织易腐烂死亡；幼叶卷曲畸形，叶缘变黄逐渐坏死；裂果等。植物吸收钙主要依靠蒸腾拉力，且在韧皮部运输能力很弱，所以顶芽、幼叶、根尖极易缺钙。

钙过剩：土壤易呈中性或碱性，引起微量元素铁、锰、锌等不足，叶肉颜色变淡，叶尖红色斑点或条纹斑出现。

（5）**镁（Mg）** 镁是叶绿素和植酸盐（磷酸的储藏形态）的重要组成成分，镁的主要功能是合成叶绿素并促进光合作用，同时参与合成蛋白质，活化和调节酶促反应。镁的含量种子最多，茎叶次之，根系最少，所以镁首先供应生殖器官。

缺镁：由于镁在韧皮部中的移动性强，因此缺镁症状首先出现在老叶上。当植株缺镁时，其突出表现是叶绿素合成受阻，叶片脉间失绿，严重时形成褐斑坏死，有时叶片也呈红紫色。缺镁降低光合产物的运输速率，对根系的影响大于地上部。沙质、酸性土壤容易缺镁，高浓度的 K^+、NH_4^+、H^+、Al^{3+} 对镁有很强的拮抗作用。

镁过剩：叶尖萎凋，整个叶片的色泽在叶尖处为淡色，叶基部色泽正常。

（6）**硫（S）** 硫也是蛋白质不可缺少的组分，在植物体内以无机态（SO_4^{2-}）和有机态两种形式储存在植物各个器官中。

缺硫：蛋白质合成受阻导致失绿症，外观症状与缺氮很相似，但缺硫症状往往先出现在幼叶。植物缺硫时一般表现为植物发僵，新叶失绿黄化，双子叶植物老叶出现紫红色斑。

硫过剩：产生盐害，叶缘焦枯。

（7）**铁（Fe）** 铁是叶绿体形成不可缺少的元素，在光合作用、呼吸作用、氧化还原反应和氮代谢等过程中起着重要的作用。铁吸收是以 Fe^{2+} 为主要形式，络合铁也可以被吸收，Fe^{3+} 很难利用。

Mn^{2+}、Cu^{2+}、Mg^{2+}、K^+、Zn^{2+}等都与Fe^{2+}有竞争作用。Fe^{2+}被根吸收后，在细胞中氧化成Fe^{3+}，与柠檬酸螯合，通过木质部运输，优先进入芽和幼叶，参与代谢，以后很难移动。

缺铁： 首先是新叶叶片的叶脉间出现网纹状均匀失绿症，根系生长受阻，严重时叶片发白并出现坏死斑点，逐渐枯死。碱性土壤容易缺铁。

铁过剩： 排水不良地和酸性土壤容易引起亚铁中毒，症状是老叶上有褐色斑点，根部灰黑色，易腐烂。

(8) **硼（B）** 硼具有促进生殖器官的建成和发育，影响花粉的萌发和花粉管的伸长，促进体内碳水化合物运输等作用，还具有提高豆科植物根瘤菌固氮能力的作用。硼含量生殖器官高于营养器官，叶片高于枝条，枝条高于根系，在子房、柱头中含量高。硼在植物体内被牢固地结合在细胞壁中，几乎不移动。

缺硼： 导致生长点受抑制，叶片变厚、变脆、皱折，叶脉木栓化，根系粗，根毛少且呈褐色，生殖器官发育受阻，结实率低，果实小，畸形。

硼过剩： 由于运输受蒸腾作用影响，先成熟叶片的叶尖、叶缘黄化后，全叶黄化，并落叶。

(9) **锰（Mn）** 锰是许多酶的活化剂，与植物的光合、呼吸以及硝酸还原作用关系密切。锰还能促进种子萌发和幼苗生长，对根系生长也有影响。植物对锰的吸收过程与其他阳离子有竞争关系。受环境影响，土壤pH > 7时植物锰含量低，pH < 7时锰含量高且可能发生中毒现象。

缺锰： 叶片失绿并出现杂色斑点，而叶脉保持绿色。缺锰植物容易发生冻害。

锰过剩： 植物含锰量超过600毫克/千克时，发生中毒，会出现异常的落叶、缺铁症、枝条枯死等。

(10) **铜（Cu）** 铜参与植物体内氧化还原反应和光合作用，是超氧化物歧化酶的重要组分，参与氮代谢，对花器官的发育、氨基酸活化和蛋白质合成有促进作用。铜供应足时较易移动，供应不足则不易移动。

缺铜：顶梢上的叶片呈叶簇状，叶和果实均褪色，严重时顶梢枯死，并逐渐向下扩展。

铜过剩：铜毒害表现在根部，主根伸长受阻，侧根变短，地上部表现新叶失绿，老叶死亡，叶柄和叶背面出现紫红色，类似缺铁状。

(11) 锌（Zn）　锌是叶绿素合成的必需元素，参与生长素等的代谢过程，对生殖器官发育和受精作用也有影响，还能提高植物抗逆性。缺锌时老叶中锌可向幼叶转移，只是速率较低。

缺锌：生长素的合成受阻，致使顶端生长受抑制，导致节间缩短，出现小叶簇生或缩茎病。其症状也会出现从新叶开始脉间不均匀失绿。缺锌还影响赤霉素的形成，使果树新叶黄化和小叶簇生等，影响果实品质。

锌过剩：叶尖及叶缘色泽较淡，随后坏疽，叶尖有水渍状小点。

(12) 钼（Mo）　钼是硝酸还原酶的组成成分，对氮代谢有重要作用，参与根瘤菌的固氮，促进植物体内有机化合物的合成，参与光合作用和呼吸作用，在受精和胚胎发育中也有特殊作用。叶片中钼主要在叶绿体中，在韧皮部中可以移动。

缺钼：植株矮小，生长缓慢，叶片失绿，且大小不一和橙黄色斑点，严重缺钼时叶缘萎蔫，有时叶片扭曲呈杯状，老叶变厚、焦枯，以致死亡。缺钼常常发生在酸性土壤上，伴随锰、铝中毒。

(13) 氯（Cl）　氯具有调节气孔运动、抑制病害发生等作用，还参与光合作用。适量氯有利于碳水化合物的合成和转化。在植物体中以离子态存在，流动性强。

缺氯：叶片失绿凋萎，根系生长慢，根尖粗。

(14) 有益元素　除16种必需元素外，还有一类非必需元素，它们对植物生长发育具有良好作用，称之为"有益元素"，主要包括硅、钠、钴、硒、镍、铝等。①硅参与细胞壁的组成，影响植物光合作用与蒸腾作用。缺硅后营养生长受阻，生长点停滞，新叶畸形、凋落、黄化，开花少，授粉差。②钠刺激生长，调节

渗透压，影响植物水分平衡和细胞伸长，代替钾行使营养功能。③钴参与豆科植物根瘤固氮，刺激生长，稳定叶绿素。④镍催化尿素降解，固氮和保护硝酸还原酶的作用，增加植物抗病性。镍对以尿素为氮源有益，但对人畜有害。⑤硒的功能是刺激植物生长，增强抗氧化作用。根系吸收硒以无机态为主，少量有机态，微酸性土壤硒溶解度低，碱性土壤硒有效性高，硫酸根和氯离子对硒有竞争和拮抗作用，硒吸收后大部分积累在根部，很少向上运输。硒是人类和动物所必需的微量元素，有增强免疫力和防癌作用。⑥铝的功能是刺激植物生长，影响植物颜色，激活酶的作用。铝过量时抑制根尖分生组织细胞分裂，抑制根伸长。

三、灌水和排水

樱桃树对水分状况反应很敏感，不抗旱也不耐涝，因此要做到适时浇水和及时排水。

1. **适时浇水** 樱桃浇水，要根据其生长发育中需水的特点和降雨情况来进行。北方一般春季比较干旱，要浇好萌芽水、花后水、膨大水、采果后水、越冬水，其他浇水视干旱情况而定。

（1）萌芽水 在萌芽前进行，主要是满足展叶、开花对水分的需求，可结合施肥浇水。这次用水量要大，以满足开花、坐果和幼果生长所需要的水分。此次浇水可以降低地温，延迟开花，有利于防止晚霜危害。同时浇水能提高果园地面的温度，减轻晚霜对花芽的危害。此外，浇花前水还能有效地增加各类结果枝上的叶面积。

（2）花后水 如果干旱，在落花80%后马上浇一次小水。此时期甜樱桃幼果生长发育最旺盛，对水分的需求最敏感，浇水对果实的发育很重要。如果此时水分供应不足，就会发生生理落果。

（3）膨大水 果实迅速膨大期应及时浇水，这对甜樱桃的产量和品质都很重要。此时若缺水，果实发育不良、产量低、品质差。这次水对保持土壤湿润、减少裂果有重要作用。浇水过晚则会导致果实成熟期延后，果实转色期突然遇到大水造成裂果等，降低经济效益。

(4) **采果后水**　这次水结合"月子肥"浇灌，可迅速恢复树势，有利于花芽分化。

(5) **越冬水**　秋施基肥后，土地封冻之前（山东临朐在大雪之前，其他地方视当地气候而定）浇一次越冬水。这次水要浇足、浇透。浇水后搞好保墒，增强树体越冬抗性，防止冬天抽条。这次浇水的好处是：①减轻冻害。冬灌能使土壤蓄积较多热量，地温变化幅度减小，减轻果树越冬冻害。②防止干旱。冬灌蓄水于土壤中，既可提高果树抗冻能力，又可防止冬季及早春的干旱。冬灌增加了土壤湿度，可缓解冬季叶片蒸腾和供水的矛盾，避免果树因生理失水而引起的干冻。同时又由于土壤含水量增加，有利于根系对水分和养料的吸收，从而增强果树抗冻、抗旱能力。③杜绝风蚀。严冬风大地干，往往是"风刮土，树根露，冻害重，树倒伏"。坡丘滩地土质轻、土质松、黏结力差，而冬灌可使土壤处于湿润状态，大风不吹土，保温、保湿又防冻。

(6) **防止抽条**　冻旱引起的生理干旱是产生抽条的原因。发生抽条与冬末春初天气干旱有关。如早春天气干旱，常刮干燥的西北风，抽条就严重，反之抽条则轻。防止抽条的措施是：①枝条缠草。在冬季修剪后，立即缠草，将干草成把地用细线缠在枝条上。②涂凡士林及其他油脂。凡士林有好几种，要用白色凡士林。白色凡士林如果涂得比较薄则不伤芽和树皮，而且能明显地减少水分蒸发。其他油脂或者高脂膜等也都行。③浇水。浇防冻水是防止抽条的有效方法之一。④控制旺长，防止早落叶。特别是幼旺树，秋梢生长期，少用氮肥，使秋梢早停长，枝条充实。加强病虫害防治，预防早落叶。落叶前喷一次氮肥，让养分充分回流，增加树体储存营养。

2. 及时排水　樱桃树最怕涝，采用高垄栽植可以防止受涝。对于泛涝地，要求行间中央挖排水沟，沟中的土堆在树干周围，形成一定的坡度，使雨水流入沟内，顺沟排出。整个樱桃园要注意排涝，避免积水。

四、果园覆草和果园生草

果园覆草、生草，可以建立良性循环的生态体系，保持水土，培肥地力，改善果树生态条件，增加土壤有机质，提高果品产量和质量（图6-5、图6-6）。

1. 果园覆草

（1）*覆草时间*　果园覆草四季均可进行，以春、夏季为好。旱薄地多在20厘米土层温度达20℃时进行。

（2）*覆草种类*　杂草、树叶、植物秸秆和碎柴草均可。春季

图6-5　果园生草

图6-6　果园覆草

覆干草，夏季压青草。

（3）覆草厚度和用量　密闭和不进行间作的果园宜全园覆草，幼龄果园宜覆盖树盘或行间。覆草厚度15～20厘米。树盘覆草要覆盖到树冠外缘（根系分布的地方）。局部覆草每亩使用量干草1 000～1 500千克，鲜草一般2 000～3 000千克；全园覆草分别为每亩2 000～2 500千克和4 000千克。

（4）覆草管理　覆草前要进行土壤深翻或深锄、浇水，株施氮肥0.2～0.5千克，以满足微生物分解有机物对氮的需要。在草被上零星点压些土，以防风刮和火灾。土层薄的果园可采用挖沟掩埋与盖草相结合的方法。长草要铡短，以便于覆盖和腐烂。覆盖园秋后要浅刨一遍。秋施基肥时，不要将覆草翻入地下。草要每年或隔年加盖。4～5年深翻1次，翻后再覆草。追肥时可扒开覆草，多点穴施，或者水肥一体化，利用滴管、微喷施肥。覆草果园不能大水漫灌，只能利用滴管、微喷浇水。

2.果园生草

（1）果园生草的草种要求　果园生草对草的种类有一定要求，主要标准是要求矮秆或匍匐生长，适应性强，耐阴，耐践踏，耗水量较少，与果树无共同的病虫害，能引诱天敌，生育期比较短。目前，草种以鼠茅草、白三叶草、紫花苜蓿、田菁等豆科牧草为好，其中以鼠茅草最优，为果园生草主导草种。也可以利用果园杂草进行自然生草，但高秆、深根的杂草一定要去掉。

（2）果园生草的播种时间　鼠茅草最佳播种时间为春、秋两季。春播可在4月初至5月中旬，秋播以8月中旬至9月中旬最为适宜。春播后，草坪可在7月果园草荒发生前形成。秋播，可避开果园野生杂草影响，减少剔除杂草的繁重劳动。

（3）果园生草的方式　果园生草要求是行间生草，行内压草，就是利用果园树盘以外的地方生草，树盘利用割下的草覆盖，这样可以疏松土壤，利于果园机械作业，又不至于草与果树争夺营养。种植方式宜采取条播，条播可适当覆草保湿，也可适当补墒，有利于种子萌芽和幼苗生长，极易成坪。条播行距以15～25厘

米为宜。土质肥沃又有水浇条件时，行距可适当放宽；土壤瘠薄，行距要适当缩小。同时播种宜浅不宜深，以0.5～1.5厘米为宜。

（4）生草的田间管理　果园生草前两三年需补充少量氮肥，待成坪后只需补充磷肥和钾肥即可，因为生草两三年内有和树体争夺养分的缺点，达到平衡后即可消除。生草初期灌水后要及时松土，清除野生杂草，尤其是恶性杂草。果园生草，适时刈割，利于增加年内草产量，增加土壤有机质。但生草最初几个月不要刈割，生草当年最多刈割1～2次。刈割要注意留茬高度，一般5～10厘米为宜，以利于再生，切勿齐地面平切。刈割下的草覆盖于树盘上。

自然生草就是合理利用果园杂草。任何杂草都有增加土壤有机质和保持水土的功效，不要"见草就除，除草务净"。对果园内一些无大害的草，可以当作自然生草利用起来，对个别恶性草要彻底铲除或用除草剂灭除。自然生草的果园，既有了草覆盖，又节省了灭除这些草的人力和财力投入。但须注意控制草的高度，不要让它们长高，以免影响树体生长发育。

3. 果园覆草生草的好处　果园生草和压草的优点是：①增加土壤有机质，优化土壤结构，疏松土壤，增加土壤通透性，优化果园环境，改善果园小气候，减少果园土壤和养分的流失。②减少水分蒸发，达到果园保墒目的。③降低土壤地表温度，使果树根系生长环境优良。④增加土壤微生物及酶的活性。生草有利于果园土壤微生物数量、活性的增加，以及多数土壤酶活性的提高。⑤减少病虫害。生草改变了生物群落结构，丰富了生物多样性，形成了一个相对比较稳定的复合系统，为天敌的繁衍、栖息提供了场所，增加了天敌种类和数量，从而减少了虫害的发生，经由虫害传毒引发的病毒类病害发生率也相应降低，起到了生物防治的效果。果园生草还能达到"以氮换碳"的目的。据美国康奈尔大学Merwin教授通过15年试验观察，果园生草和树盘覆盖的果园，土壤侵蚀比清耕的果园低35%左右，根际土壤中菌类比对照丰富得多。但是果园覆草和生草也容易产生金龟子幼虫，所以应定期喷白僵菌、绿僵菌、苏云金杆菌或者其他高效低毒的杀虫剂。

第七讲
甜樱桃整形修剪

一、与整形修剪有关的甜樱桃生长特性

果树整形修剪的目的是要调节树势，透风透光，平衡地上与地下的关系，调节生长与结果的关系，使早结果、丰产、稳产，并且延长结果期。各品种、树势、砧木生长结果习性不同，整形修剪方式、方法也不同。下面归纳几条与整形修剪有关的甜樱桃生长发育特性。

1.**幼龄期顶端优势明显**　幼树生长旺盛，顶端优势明显，萌芽强，成枝力较强，树冠扩大很快。旺盛枝条生长直立，顶端优势明显，表现出外围长枝不论短截与否，顶部易再抽生出多个长枝，下部芽迅速死亡，形成光腿。因此，幼龄期的樱桃树削弱顶端优势，增加分枝量，是整形修剪的主要任务。

2.**对光照要求高**　甜樱桃以短果枝、花束枝结果为主，要求光照充足，花芽分化好，短结果枝、花束状果枝多，才能丰产、稳产。但由于新梢形成的生长素作用，甜樱桃外围枝生长旺盛，容易形成外密内稀、上强下弱，内膛郁闭，光照不足，使内部小枝、结果枝组衰弱、枯死，内膛空虚。因此，控制外围枝量，开

张一定角度，保证内膛光照，是进入结果期整形修剪的重要措施。

3. 结果枝上芽的特点 结果枝上花芽是纯花芽，顶芽是叶芽，开花结果后不再发芽。因此，甜樱桃短截时要留叶芽修剪，否则这种无芽枝上结的果营养差，果个小，同时结果以后就会死亡，变成干桩。回缩结果枝组时，都要注意回缩到叶芽处。

4. 地上地下的相关性和修剪时间

（1）根系生长与新梢生长的相关性 由于新梢形成的生长素是由上向下极性运输，且适应的浓度是新梢＞枝＞根系，新梢生长时，新梢形成的生长素受重力作用源源不断地运输到根系，使根系生长受到抑制。新梢生长前和停长后，根系才生长。根系生长高峰期分别为：2～3月发芽前、6～7月春梢停长后和9～11月秋梢停长后。其中第一次生长高峰期为樱桃萌芽、开花、坐果提供营养；第二次生长高峰期时间最长，为樱桃果实成熟、花芽分化提供养分；第三次生长高峰期为树体越冬储存养分。这三次生长期，为樱桃施肥提供了依据。根系产生的细胞分裂素也由根部向上运输到茎、叶、芽，供萌芽和枝条生长，所以甜樱桃根系生长与新梢生长是密切相关的。

（2）根系生长与开花结果的相关性 幼旺树的叶片光合作用制造的营养除了供树体营养生长外，还大量运输到根系，新梢、根系生长旺盛，根系吸收的水分、无机盐又提供给叶片光合作用，所以营养生长旺盛。新梢生成的赤霉素多，抑制生殖生长，修剪上要求轻剪长放，使营养生长大于根系生长，削弱树势，减少激素的产生，集中养分，有利于花芽分化。用植物生长调节剂PBO控树和断根处理，就是减少新梢生长和激素的产生。盛果期，树势衰弱，新梢少，产生的赤霉素少，生殖生长旺盛，形成花芽多，产量高。连续丰产后，果实消耗大量营养，根系得到的营养少，根系生长衰弱，不能足够提供叶片光合作用所需的水分和无机盐，营养生长受到抑制，树体衰弱，果实得不到足够的光合产物，果实品质不好，所以要求回缩复壮，减少结果量，恢复树势。

修剪时期，幼旺树应在发芽前进行，虽然浪费一部分养分，

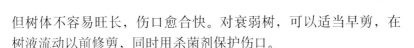

但树体不容易旺长，伤口愈合快。对衰弱树，可以适当早剪，在树液流动以前修剪，同时用杀菌剂保护伤口。

二、主要修剪手法

修剪是调整树冠结构和更新枝类组成的技术措施。一般分为冬季修剪和生长季修剪，主要手法有短截、疏枝、回缩、甩放、除萌、摘心、拉枝、扭梢、拿枝、环剥（刻）、刻芽等。

1. 短截　是指将1年生枝剪去一部分。按剪截量或剪留量区分，有轻短截、中短截、重短截和极重短截4种方法。适度短截对枝条有局部刺激作用，可以促进剪口以下芽的萌发，达到分枝、延长、更新的目的。樱桃成枝力弱，短截能够有效促发新枝。

（1）**轻短截**　剪除部分一般不超过1年生枝长度的1/4，保留的枝段较长，侧芽多，养分分散，可以形成较多的二次枝。

（2）**中短截**　在春梢中上部饱满芽处剪截，一般剪掉春梢的1/3～1/2。截后分生中、长枝较多，成枝力强，长势强，一般用于延长枝，培养健壮的大枝组或衰弱枝的更新。

（3）**重短截**　在春梢中下部半饱满芽处剪截，剪口较大，修剪量亦长，对枝条的削弱作用较明显。重短截后一般能在剪口下抽生1～2个旺枝或中、长枝，即发枝虽少但较强旺，多用于培养枝组或发枝更新。

（4）**极重短截**　在春梢基部留1～2个瘪芽剪截，剪后可在剪口下抽生1～2个细弱枝，有降低枝位、削弱枝势的作用。极重短截一般用于徒长枝和主枝更新，直立枝或竞争枝的处理，以及强旺枝的调节或培养紧凑型枝组。

2. 疏枝　是将枝条从基部剪去。一般用于疏除病虫枝、干枯枝、无用的徒长枝、过密的交叉枝和重叠枝，以及外围扫帚枝和过密的辅养枝等。疏枝的作用是改善树冠通风透光条件，提高叶片光合效率，增加养分积累。疏枝对全树有削弱生长势作用。可削弱剪口以上附近枝条的势力，并增强剪锯口以下附近枝条的势

力。剪锯口越大,这种削弱或增强作用越明显。幼旺树,去强留弱,疏枝量较多,则削弱作用大,可用于对辅养枝的更新;衰弱枝,去弱留强,则养分集中,可用于衰弱树复壮。疏除的枝越大,削弱作用也越大,因此大枝要分期疏除,一次或一年不可疏除过多。

3.刻芽 是指于萌发前在芽子和叶丛枝的上方横割一刀深达木质部,以促使抽发新梢。刻芽能提高侧芽或叶丛枝的萌发质量,增加中长枝的比例和总枝量,有利于整形和弥补冠内的空缺。一般是从萌芽前30天左右开始至萌芽期结束(3月8日至25日),即树液流动前到萌芽前。发芽前,树体储存的营养和根系形成的细胞分裂素通过韧皮部向上运输,为芽萌发提供养分和激素,刻芽是截断韧皮部中的筛管,使营养和激素聚集在芽上,促进萌发。方法是用小钢锯条在芽的上方0.2～0.5厘米处锯刻,横锯刻芽枝条的周长一半,深达木质部,对甜樱桃幼树快速成形,多发主枝和花束状短果枝有着重要的作用。

刻芽要遵循"六点":发长枝,要刻"早一点、深一点、离芽近一点";发短枝,要刻"晚一点、浅一点、离芽远一点"。

4.回缩 又叫缩剪,是指短截多年生枝的措施。回缩的部位和程度不同,其修剪反应也不一样。弱枝,去除前面的下垂枝、衰弱枝,可抬高多年生枝的角度并缩短其长度,使分枝数量减少,有利于养分集中,能起到更新复壮作用;强枝,在弱芽或者细弱分枝处回缩,则有抑制其生长势的作用;弱枝,在好芽或者强分枝处回缩,有利于复壮。多年生枝回缩一般伤口较大,修剪后须用药保护伤口。

回缩的作用,一是复壮,二是抑制。生产上多进行弱树复壮。复壮作用有两个方面:一是局部复壮,例如回缩更新结果枝组、多年生枝回缩、换头复壮等;二是全树复壮作用,主要是衰老树回缩更新骨干枝,培养新树冠。回缩复壮技术的运用应视品种、树龄与树势、枝龄与枝势等灵活掌握。

5.甩放 是相对于短截而言的,不短截即称为甩放,又称缓放。多用于幼旺树。甩放有利于缓和枝的长势、积累营养,有利于花芽形成和提早结果，是樱桃树的主要修剪方法。

生产上采用甩放的主要目是缓和树势，促进成花结果。但是不同树种、不同品种、不同条件下从甩放到开花结果的年限是不同的，应灵活掌握。另外，甩放结果后应区别不同情况，及时采取回缩更新措施。只放不缩，造成树体衰弱，也不利于通风透光。

6.拉枝 即采用撑、拉、别、垂、压、吊等方法，人为地改变和调整直立枝或角度较小枝条的生长和分布方向（位），并对枝条实施某些损伤，借以起到缓和长势、均衡树势、充分利用空间、利于果树生长和促进花芽形成的作用。

拉枝的作用是改变枝条生长极性，减少枝条上顶端优势，有利于促进基部枝芽的生长（更新复壮），形成中短枝，有利于结果，防止下部光秃；骨干枝开张角度后，可以扩大树冠，改善光照，并能充分利用空间（图7-1）；通过调整枝相，有利于促进树体健旺生长，便于进行分类管理，能够达到早果丰产、整形结果两不误的目的。

图7-1 牙签开角

甜樱桃树拉枝适宜的时间为8月中旬至10月中旬，或春季树液流动后至发芽前（发芽后容易把树芽碰掉，但发芽后和秋季拉枝不容易背上冒条，幼树拉枝建议秋后和发芽后进行）。樱桃拉枝，下部拉枝角度在70°～80°，上部拉枝角度稍微大一点，拉枝太平容易翘头和背上发枝。拉枝既能缓和树势，促发短枝，又能通风透光，促进成花，是自由纺锤形整形的主要措施之一。

7.摘心 是在新梢旺长期，摘除新梢嫩尖部分。摘心可以削除顶端优势，削弱枝梢的生长势，增加中、短枝数量。樱桃果实生育期，对旺长的新梢进行摘心，可减少新梢生长与幼果的营养竞争，明显减少生理落果。6～7月摘心，减少新梢赤霉素产生，对摘心后花芽分化作用巨大。摘心控制新梢生长，能提早形成花芽（图7-2）。夏季摘心是增加结果枝组、加速成形、提早结果和早期丰产的重要手段，应于8月下旬结束。摘心方法：①新梢长至15～20厘米时留5～6厘米摘心，以后发出二次枝反复摘心；②新梢长到20厘米左右时，摘除5厘米左右的幼梢，待发出新梢时，在新梢前剪除，重复2次即可成花；③新梢长到10厘米以下时摘除幼梢，待发出新梢时反复摘心；④新梢长至15厘米时留5～6厘米摘心，待二次枝长至10～15厘米、半木质化时，在二次枝基部5厘米处扭梢，让新梢开张或者下垂。摘心时注意，背上枝、背下枝应尽量疏除，留两侧和斜背上（下）枝。

图7-2　红灯摘心开花状

8.**环剥**（割）　环剥是在枝干上横切两圈，深达木质部，将皮层割断，并去掉两个刀口间的一圈树皮；在树干上横切一圈，即为环割。这种措施有阻碍营养物质和激素向根部运输的作用，有利于上部的营养积累、抑制生长、促进花芽分化、提高坐果率。环剥对根系的生长也有抑制作用；过重的环剥会引起树势的衰弱，对生产有不利影响。一般要求剥口在20 ～ 30天内能愈合。为了促进愈伤组织的生长，常采用剥口包扎旧报纸或塑料薄膜的方法，以增加湿度，还可防止害虫侵害（图7-3）。环剥常用于适龄不结果的幼旺树、生长旺盛的盛果期树，特别是不易形成花芽的品种。环剥在樱桃树上时间要早，

图7-3　花期环剥，用薄膜包扎

樱桃盛花期进行，且剥口不能太宽。

三、树形及整形过程

1. 自由纺锤形（图7-4）

（1）树体结构　自由纺锤形甜樱桃树成形后，主干高60 ～ 70厘米，树高3 ～ 3.5米，冠幅2.5 ～ 3米。主干占树高的20% ～ 30%，中心干则占70% ～ 80%。中心干上的主枝15 ～ 25个，螺旋式分布在中心干上。上稀、下密，上短（1.0 ～ 1.2米长）、下长（1.5米左右）。同方向主枝上下垂直距离不能小于50厘米。每个基枝与中心干夹角保持70° ～ 90°。各枝要求单枝延伸。每个主枝粗度不能超过着生处中心干的1/3，主枝超过主干1/3就要更新，杜绝霸王枝的存在。全树有80 ～ 100个中、小型结果枝组。一般中、短、花束状果枝亩枝量在6万个为宜，自由纺锤形整形要求上部枝要少，下部枝条适量，多疏除上部枝以免形成上强树势。

图7-4　自由纺锤形

（2）修剪步骤与技术要点

①定干。选强壮、根系发达的1年生苗木栽植，栽植后定干高度80厘米左右。定干方法是在80～90厘米处选饱满芽、顶风向芽剪，使第一芽枝发育成中心干。定干后抹除剪口以下3个芽，以防下部芽萌发强旺，对主干形成竞争。

②第二年修剪。清干，萌芽前，幼树应有2～4个枝，主干在主枝以上80厘米处，选择壮芽、第一年剪口对侧芽短截，剪口以下3个芽抹除，主枝留2～3个芽重短截。主干留上部25厘米不刻外，下部在主干周围，围绕主干刻3～5个芽，要"早、深、离芽近一点"。

夏季待主枝发出20～30厘米时进行捋枝，或者牙签开角，削弱主枝生长势，6～7月主干芽饱满时，在主枝以上40～50厘米处短截，促发二次枝，二次枝到20～30厘米时，同样捋枝或者牙签开角。8～9月或者第二年春对各个主枝进行拉枝处理。拉枝角70°～80°，遵循下轻上重原则。

③第三年修剪。第三年春季萌芽前，继续对中心干最上层主枝以上80厘米处短截，抹除以下3个芽，主干继续刻芽处理，夏季重复第二年夏季处理。主干上发出的侧枝，背上疏除，两侧的

进行扭梢或摘心。秋季时对中心干上生出的新枝拉枝。树高在3～3.5米，主枝量在15～25个。

自由纺锤形整形优点是：3～4年成形，4年初果，5年丰产。后期修剪量小，通风透光，容易管理。缺点是：前期用工量大，需要周年管理。

2. 自然开心形　这种树形与一般桃树树形相似，无中央领导干，干高30～40厘米，全树培养3～4个主枝，开张角度30°～40°，每个主枝上留有2～3个侧枝，向外侧伸展，开张角度70°～80°，主枝和侧枝上再培养大小不同的结果枝组，树高控制在3米左右，树冠呈扁圆形或圆形。

定干30～40厘米，第二年把中央领导干剪除，主枝留50厘米短截，留外芽，促发侧枝。这是因为樱桃成枝力弱，不容易发侧枝。主枝角度小的可以适当拉枝，保持开角30°～40°。夏季修剪疏除内膛枝，第三年主枝延长头留50～70厘米短截，处理和第二年相同。

这种树形透光好，夏季修剪量大，结果晚，产量低。

3. 改良疏层形（图7-5）这种树形由大连刘华隆提供。有一个很弱的中央领导干，主枝3～4个，以后分出6～8个侧枝，侧枝上分布结果枝组，中央领导干第二层3个主枝，第三层2个主枝，第二层枝离第一层主枝80厘米以上。

①定干。定干方法是在40～50厘米处选饱满芽、顶风向芽短截，使第一芽枝发育成中心干。

②第二年修剪。中心领

图7-5　改良疏层形

导干离第一层80～100厘米处短截。下部主枝应该3～5个，选留均匀分布在主干周围的3～4个主枝，其他疏除，各主枝留50厘米左右短截，要求留外芽，主枝短截处第一个上芽抹除。

③第三年修剪。中央领导干留50厘米短截，第一层主枝延长头留70厘米处短截，也是要求留外芽，主枝短截处第一个上芽抹除。其他枝甩放，削弱树势。如果主枝之间空间大，侧枝量少，也可以在侧枝饱满芽处短截，促发分枝。

④第四年修剪。中央领导干甩放，第一层主枝延长头再留50厘米短截，修剪方法与第二、三年相同。角度小的主枝适当拉枝，使角度在45°左右。主枝长度1.5～3米，高度在3米左右。

这种树形类似于卫星接收天线，优点是：60%～80%结果量在第一层枝，通风透光，果实品质好，下强上弱，主干不强，不用拉枝，依靠修剪开角，前期省工省力。缺点是：冬季和结果后修剪量大，技术要求高，结果期晚1～2年。这种树形对大面积栽培樱桃有利。

后期管理，特别是美早、红灯等生长势旺的树，在每年的7月下旬进行断根处理，削弱生长势，促进花芽形成。大量结果后适当回缩复壮，缩两年，放两年，缩缩放放，维持树势平衡。

4. 细长纺锤形（图7-6） 这种树形适宜矮化密植，特别适合吉塞拉砧木，枝量大，丰产快，结果质量好，主枝占主干粗度的1/5

图7-6 细长纺锤形

以下，树高在3米左右，好管理，缺点是前期刻芽、拉枝用工多。

定干和纺锤形一样，第二年清干，主干不短截，主干上依靠刻芽促发新枝，要求主枝刻芽隔三差五刻，各个主枝螺旋上升，多发主枝，上部发出的强旺枝疏除，夏季用牙签开角或者捋枝，秋后拉枝，开张角度。第一年定干目的是，樱桃新栽植树由于根系小，形成的细胞分裂素和树体储存营养少，刻芽不容易出枝。

这种树形适宜密植和机械化作业，早果丰产，果实品质好。缺点是前期管理麻烦，容易上部长势强，需要多疏除上部枝条，大量结果后及时回缩，恢复树势。

5. **篱壁形**（图7-7） 将甜樱桃枝条绑在铁丝架上，形成篱壁形。这种方式在发达国家几乎所有果树都广泛采用。株行距(3.5～4)米×(2～2.5)米。树高3～3.5米。

①搭支架。用钢管或者水泥柱每30米一根立柱，离地面80厘米左右横拉第一道钢丝，以后上部每40厘米一道，用于绑缚樱桃主枝，直到树体要求的高度。

②定干。定干高度70～80厘米，发枝后留顺篱架两侧的枝，其他疏除，待主枝长到20～30厘米时，用牙签开角。主干长到50厘米以

图7-7 篱壁形

上时，6月份，主干留40～50厘米短截，促发二次枝并随时开角，秋后秋梢停长时，把主枝绑在横着的钢丝上，第二年依此类推。

这种树形通风透光，后期管理方便，适合机械化作业。缺点是要求技术高，前期管理麻烦，产量低。

此外，甜樱桃树形还有Y形（图7-8）、丛状形（KGB）和UFO形（图7-9），这里不作重点介绍。

图7-8　Y　形　　　　　　　图7-9　UFO形

四、不同树龄甜樱桃树的修剪

1.幼龄树的修剪　幼龄树要求及早扩大树冠，占满空间，提高总体光合作用的效率。扩大树冠，首先要增加生长量，通过合理的肥水管理，使幼树加速生长，在修剪上主要是以开张角度为主，以疏除、甩放、摘心、刻芽为主。

冬季修剪以疏除、甩放、刻芽、拉枝为主，夏季修剪以摘心为主，要少短截，以免出现扫帚头枝，造成树形混乱。

开张枝条角度可以迅速扩大树冠，增加内膛光照，同时可以削弱枝条的顶端优势，促进下部小枝的发育，提早形成花芽和开花结果。开张角度不能过大，下部70°，上部80°为宜。

2.初果期的修剪　通过整形，各种树形3～4年即可成形，进入初结果期。这个时期的修剪需做到以下几点。

（1）扩大树冠，削弱树势　通过主枝开张角度，轻剪长放，削弱树势。

（2）培养健壮的结果枝组，增加结果枝数量　通过摘心、断根、化控等，减少徒长枝，削弱顶端优势，增加短果枝和花束状果枝数量，为以后丰产打下基础。

3. 盛果期的修剪　在良好的管理和修剪措施下，6～8年生树即可进入盛果期。

（1）**保持中庸健壮的长势**　这是稳产、丰产、优质的基础。盛果期壮树有几个主要指标：一是外围新梢生长量为30厘米左右，过长则过旺，过短则过弱，枝条充实，芽饱满；二是多数花束状枝或短果枝上有6～8片莲座状叶，叶面积较大，叶片厚，叶色深绿，花芽饱满；三是全树枝条长势均衡，没有局部旺长或过弱的表现，没有过粗过强的霸王枝。

（2）**维持合理的群体结构和树体结构**　前面讲到，要保持树体一定的大小，使果园覆盖率稳定在75%左右，不超过80%，这时对骨干枝头要缩放结合，对可能出现扰乱树形的枝条要及时剪除，保持开张角度，使内膛通风透光。

（3）**维持结果枝组和结果枝良好的生长结果能力，延长结果年限**　树冠内的多年生下垂枝，以及细弱、衰老的结果枝组，要注意更新复壮，可缩剪到有良好的分枝处，并注意抬高枝头角度，增强树体长势；同时采取去弱留强、去远留近、以新代老等措施，进行更新复壮。还应注意不断提高枝组中叶芽的比例，维持正常的生长结果能力，延缓结果部位外移，防止内膛空虚。对连续结果多年的结果枝组，可在枝组先端2～3年生枝段处缩剪，促生分枝，增强长势，复壮结果能力。对延伸型枝组来说，只要其中轴上短枝和花束状果枝数量较多，发叶能力强，叶片健壮、较大，叶腋间花芽饱满，坐果率高，果实发育良好，即表明可以连续结果。对盛果期树要多疏除上部枝，通风透光，控制上强，均衡树势。

4. 衰老期的修剪　樱桃树进入衰老期，树冠呈现枯枝，缺枝少杈，结果部位远离母枝，生长结果能力开始明显减退，果品质量下降。此时期的修剪任务主要是及时更新复壮，重新恢复树冠。因为樱桃的潜伏芽寿命长，大、中枝经回缩后容易发生徒长枝，对引发的徒长枝要选择合适的部位进行培养，2～3年内便可重新恢复树冠。

第八讲
甜樱桃花果管理

一、预防霜冻

由于樱桃春季开花早，始花期多在当地晚霜期之前，同时樱桃花耐低温的能力差，容易遭受低温晚霜危害（图8-1）。如果当天温度下降幅度大，也容易冻花，造成减产。因此，在花期要注意天气预报，做到及时预防，最大限度地减轻损失。从立地条件看：受北风侵袭的地方、低洼地、开花较早的一些地方霜害较重，背风地、地势较高地、开花晚的地方霜害较轻。从管理来看，树势健壮、花芽分化好的树，抵抗力强，受霜害较轻；树势衰弱较重的树，秋季病虫害严重，引起早落叶的往往霜害严重。预防霜冻有以下几种办法。

（1）浇水　早春灌水可以降低地温，延迟萌芽和开花，可能避开晚霜的危害。

图8-1　倒春寒花芽受冻状

也可以在霜冻来临之前灌一遍水，利用水比热大的特点，减小果园温度的降幅。

（2）喷水　根据天气预报，在霜冻到来前喷水，靠水分凝结散热，提高园内小气候的温度。

（3）熏烟　即在花期夜间温度下降到2℃时，点燃草类、锯末或植物秸秆（图8-2）。草类叫半干半湿，在果园迎风的地方，点燃后烟雾弥漫，一般在樱桃园多设几个燃草点，使烟雾连成一片，也可以用专用烟雾器熏烟（图8-3），一直到太阳出来为止。熏烟对防霜效果较好，燃烧后的草灰可均匀撒在树盘里，增加土壤养分。

图8-2　果园防冻熏烟

图8-3　果园防冻熏烟器

但是以上方法只能防霜，对温度降到−2℃以下的果园，作用有限。

二、花期授粉

甜樱桃大多数品种需要异花授粉，即使有一定自花授粉能力的品种，也是异花授粉结实率更高。因此，建樱桃园时必须配置授粉树，同时还必须由昆虫或人工辅助授粉。

1.**蜜蜂授粉**　蜜蜂活动温度高于12℃，最适宜温度为15～25℃。随着春季气温升高，蜜蜂即飞出来采蜜。因此，在樱桃园放蜂，既有利于樱桃授粉，又有利于蜜蜂的生长和繁殖。要求在即将开花前，将蜂箱放入樱桃园内。对于强壮的蜂群，露地樱桃每公顷地放两箱蜂；如果蜂群弱，要增加蜂群的数量。蜂箱上要盖草帘进行保温。蜂箱前放一盆水，天气干旱时蜜蜂需要喝水。

保护地栽培需要蜜蜂多一些，每亩放置2箱（图8-4、图8-5）。影响蜜蜂授粉质量的原因是：①蜜蜂老化。有的蜂箱是老蜜蜂，活动力弱，这样的蜜蜂一定要早放，增加蜂对温度的适应性和繁殖新蜂。②授粉树较少。可以采用两个棚内蜂箱互换的方法进行授粉，每2天互换一次，也可以在棚内加栽授粉树或者高接授粉枝。③授粉品种单一。据研究，果树混合花粉授粉好，大棚内需要配置2种以上授粉树。

图8-4　大棚樱桃释放蜜蜂授粉　　　　图8-5　大棚樱桃蜜蜂授粉

2.壁蜂授粉　壁蜂在春季活动早。当温度低时蜜蜂一般不出来活动，而壁蜂适应性强，活泼好动，授粉效率高。壁蜂有角额壁蜂、凹唇壁蜂等多种。角额壁蜂在日本称小豆蜂，是日本果园中传花授粉最广泛的一种昆虫。1987年中国农业科学院从日本引进该蜂，现已在山东烟台、威海等地推广。在樱花开花前5～7天，将蜂茧放在蜂巢（箱）里，每亩果园放400～500头。蜂箱离地约45厘米，箱口朝南，箱前50厘米处挖一条小沟或坑，备少量水，存放在坑内（图8-6）。一般在放蜂后5天左右，蜂从茧中出来，出巢活动，每头壁蜂每天能授粉上万朵花，效果很好。

壁蜂趋光性强，在保护地栽培中容易撞击棚膜，加上棚内湿度大，壁蜂出茧难度大，需要早放。据笔者试验，壁蜂不适合保护地栽培放蜂。

3.**熊蜂授粉** 熊蜂的授粉能力极强，少量工蜂即能充分满足授粉需要，能使用一个生长季节（图8-7、图8-8）。熊蜂初始活动温度低，10～12℃即可活动，飞翔能力强。但是熊

图8-6 释放壁蜂

图8-7 大棚樱桃熊蜂放置

图8-8 熊蜂授粉

蜂个头大，数量少，逃逸能力强，不太适合樱桃等花量大的果树授粉，保护地栽培中一般采用蜜蜂和熊蜂结合的方法授粉。

4.**人工授粉**

（1）**取花粉** 选择生长健壮、花粉量大、授粉性好的品种，如先锋、拉宾斯、雷尼等。在花朵呈铃铛状时，摘取花蕾，两花对搓，取得花药，或者用手揉搓，使花药脱离雄蕊，然后用细筛筛一遍除去花瓣等杂质。将花药薄薄地铺在报纸上，置于室内用电热毯加热阴干，室内要求干燥、通风、无尘，温度控制在20～25℃。24小时后将阴干开裂的花药过细筛，除去杂质，即可得到金黄色的花粉。将花粉避光、低温储存备用。也可以取蜂箱蜜蜂进出口的花粉团储存。

（2）授粉方法

①人工点授法。利用点授授粉器，选择晴朗无风的天气，在上午10时至下午3时进行点授授粉。花粉要随用随取，不用时放回原处。授粉量要看树的大小、树势强弱、技术管理水平等因素来确定，一般需要授粉3～4次。因樱桃花量大，用工量大，一般不采用。

②人工撒粉法。将花粉与干净无杂质的滑石粉或细干淀粉按1 :（10 20）的比例充分混合均匀后装入纱布袋中，将纱布袋固定在长竹竿的顶端，然后在盛花期的树冠上抖动，使花粉飞落在柱头上，从而提高坐果率。

③鸡毛掸子滚授法。把事先准备好的鸡毛掸子用白酒洗去鸡毛上的油脂，干后将掸子绑在木棍上。当花朵大量开放时，先在授粉树开花多处反复滚蘸花粉，然后移至要授粉的主栽品种上，上下内外滚授。最好在1～3天内对每株树滚授2次，效果更佳。

④液体授粉法。将纯花粉15克放入25千克的水中，加入0.1%硼酸及10%蔗糖，配成混合液后喷用，必须在2小时内喷完，每隔2天喷1次，连续喷2～3次。此方法在阴天、降温天蜜蜂活动减少时效果更好。

三、疏花疏果

疏花疏果是人工调节果实负载量的一项技术措施，使结果量合适，促进果实增大，提高品质，产量影响小，提高经济收益。疏花在开花前及花期进行，主要疏去树冠内膛细弱枝上的畸形花、弱质花。每个花束状果枝、短果枝一般留2～3个花序。疏花后可改善保留花的养分供应，提高坐果率和促进幼果的生长发育。疏果在坐果稳定后，主要在结果过密处，疏去小果、畸形果及光线不易照到的着色不良果，促进留下的果实增大，提高品质。

疏花疏果工作量大，不容易操作，一般采用修剪的方法进行疏花处理。2012年笔者在临朐县东城街道赵家庄村大棚樱桃园里

进行修剪试验，品种为佐藤锦，树龄10年。修剪前各类枝量为
1 500 ~ 2 000个/株，修剪后各类枝量为1 000个/株，对照为不修
剪。果实成熟后，调查平均单果重和可溶性固形物含量，结果见
表8-1。

表8-1　平均单果重和可溶性固形物含量

项目	调查果个	平均单果重（克）	平均可溶性固形物（%）
修剪	215克（31个）	6.935	13.15
对照	125克（25个）	5	11.64

可以看出，修剪疏花后，樱桃的单果重、可溶性固形物含量
都明显增加。

四、防止生理落果

减少生理落果是甜樱桃花果管理的关键，特别是保护地栽培，
这是最关键的技术。

1.甜樱桃生理落果及其原因　甜樱桃生理落果（图8-9、图
8-10）一般发生在以下3个时期。

图8-9　甜樱桃生理落果

图8-10　硬核前生理落果状

第一次是落花后7天，果实尚未膨大时（实际是落花）。此次落果主要是由于没有授粉受精，或者是冻花引起的。

第二次是花后2～3周，果实如黄豆大小时。这次落果主要是因受精不完全，胚的发育受阻，幼果缺乏胚供应的激素而落；其次是新梢进入生长高峰，由于营养竞争，幼果养分供应不足引起的。这个时期的表现是，果仁干瘪，幼果萎缩，脱落，新梢旺长（图8-11）。

图8-11　单性结实生理落果状

第三次是硬核后，由于受精不良，或者硬核时温度高，新梢旺长，受精胚中途停止发育而造成的。主要原因是：①大棚内光合效能低，不能满足果实生长发育所需的养分。②硬核期是果实缓慢生长期，却也是新梢迅速生长期，新梢的生长夺走较多养分，胚缺少养分供应，发育受阻，不能生成种子，产生不了赤霉素、生长素和细胞分裂素等激素，从而不能调节树叶制造的养分供子房发育。大棚樱桃硬核期昼短夜长，晚上棚内温度太高，夜晚果树呼吸作用旺盛，消耗营养多，造成种仁干瘪，硬核后生理落果严重（图8-12至图8-16）。③中午温度过高，叶片加速蒸腾，叶片争夺

图8-12　硬核后生理落果状

图8-13　生理落果种仁干瘪

图8-14　大棚内硬核后生理落果

图8-15　红灯硬核期生理落果

图8-16　生理落果（无果仁）

水分的能力强于果实争夺水分的能力而引起的落果。硬核后生理
落果的表现是：果核硬，但是种仁干瘪或水泡状，果实不膨大或
者膨大不均匀，提前上色，裂果，萎缩脱落。

2. 提高坐果率的措施 针对不同情况采取不同措施，特别是
保护地栽培。

①加强综合管理，特别是夏秋季管理，减少病虫害，保护好
叶片，提高树体的营养水平，保证花芽的质量。

②通过移植、改接（图8-17）、带花枝高接（图8-18至图
8-20）等方法增加授粉树的数量和品种种类。

③利用昆虫或人工搞好授粉。蜜蜂的活动质量是授粉的关键，

图8-17 劣种改接

图8-18 大棚内带花枝腹接结果状

图8-19 大棚内带花枝高接雷尼结果状

图8-20 大棚内带花枝高接拉宾斯结果状

一定要选取幼蜂比例多的蜜蜂群。

④幼果期、硬核期大水漫灌，容易引起新梢旺长。如果这个时候缺水，可以浇一次小水。如新梢出现旺长，可以通过摘心和使用植物生长调节剂PBO来控制减缓其长势。

⑤硬核期注意温度的变化。保护地栽培上午10时至下午2时温度不宜超过22℃，夜温控制在4～8℃，不能太高。温度高了，应及时通风。

⑥控制大棚内湿度在40%～60%。湿度大了，一是容易感染灰霉病；二是花粉不容易散粉；三是蜜蜂腿上大量花粉团，影响蜜蜂飞翔能力。

⑦搭配好授粉树。授粉树在2种以上，并且与主栽品种在1行内交互配置。

⑧采用调节剂辅助，进行单性结实。

五、防止和减轻裂果

1. 裂果的原因

（1）水分变化原因　在樱桃接近成熟时，特别是转色期，在春季阶段性干旱后，一旦遇雨或大水漫灌，都会造成土壤湿度急剧变化，水分通过根系输送到果粒，使果肉细胞迅速膨大，果粒中的膨胀压增大，因而胀破果皮，形成裂果（图8-21）。这是因为樱桃果皮气孔大，不容易像梨、苹果等一样木栓化，当果实膨大期遇到连阴雨或者棚内湿度大时，持续气孔吸收水分进入果肉组织，造成果肉组织膨胀而拉破果皮。另外，大棚栽培樱桃，由于放风快，棚内湿度变化大，造成叶蒸腾作用加大，吸收

图8-21　红灯裂果状

水分量大，也易造成裂果。

(2) 品种原因　部分品种在果实发育后期，因果实迅速膨大而造成一定的膨胀压，从而导致裂果。如乌克兰系列品种就容易裂果。

(3) 土壤原因　土壤板结，排灌条件差，黏土地裂果重，黏土地遇雨后，水分不易流失，从而使土壤含水量增大，一般沙壤土裂果轻。土壤含水量过大是造成裂果的又一个重要原因。

(4) 缺钙原因　树体供给果实钙不足时，极易造成裂果。钙能稳定膜的完整性，增强细胞壁的结构，增加果皮的柔韧度，减少裂果。影响果实吸收钙的原因有：①氮肥或钾肥过量施用。因为氮、钾对钙的吸收有拮抗作用，氮、钾过多则影响钙吸收。②缺硼、镁、锌。硼、镁、锌能促进钙的吸收。③根系生长弱。钙的吸收依靠新鲜毛细根，如果树毛细根少，影响钙的吸收。④钙吸收依靠蒸腾拉力，阴雨天空气湿度大，蒸腾作用小，影响钙吸收。⑤产量低。樱桃产量越低，果实分配的钙越少，新梢分配的钙越多。⑥土壤原因。酸性土壤，或者用磷肥多，钙离子被酸根离子固定成不溶或者微溶的化合物，不能被根系吸收。酸性土壤同时也影响树体对硼、镁、锌的吸收。

(5) 氮肥施用过量原因　氮肥容易引起旺长，根系吸收水分量大，引起裂果。

(6) 树势原因　樱桃幼树生长旺盛，根系发达，根压大，根系吸收水分量大，也容易裂果。衰弱树、产量稳而高的树明显裂果率低。

2. 防止裂果的措施

(1) 选择裂果少的品种　果肉弹性好、果实圆形的品种裂果少，因此建园时选择抗裂果的品种栽植，如拉宾斯、先锋等品种。

(2) 改良土壤结构，提高土壤保水能力　在建园时及建园后3～5年内，及时对全园进行深翻改土，增施有机肥，用石灰调节土壤的酸碱度，改善土壤理化性质，提高土壤肥力，诱导根系深入土壤，增加土壤保水保肥能力，起到缓解水分急剧变化从而达到减少裂果的作用。

(3) 合理灌溉，防止土壤水分急剧变化　在果园建立时，充分考虑灌溉条件，搞好果园水利设施，保证果园在旱季来临时能及时均衡供水。由于樱桃怕涝，在雨季雨水过多时应能及时排水。在樱桃第二次迅速膨大期和果实转色期应保持土壤适度湿润，要小水勤浇，防止过干过湿而造成裂果。

（4）**地面覆盖，调节土壤湿度变化** 地面覆盖通常在果实进入膨大期进行。通过地面覆盖，不仅保持土壤湿度，同时又能避免因降雨使土壤湿度急剧变化，减缓根部吸水速度，保证果实代谢作用的协调进行。地面覆盖方法：一是对树盘用杂草、稻草或地膜进行覆盖；二是在行间空地实施果园生草技术，前期雨季生草，旱季来临时割草覆盖。

（5）**合理施肥** 樱桃树施用氮肥过多而旺长，或者果实钙不足时，极易造成裂果。秋季结合施基肥施入一定量的钙肥、硼肥，施肥时要求氮、磷、钾合理搭配。在果实硬核期及果实膨大期前1周，施入的速效性肥料应以钾肥为主，少施磷肥。氮肥在花前用，果实膨大期尽量少用氮肥。分别在幼果期和硬核后喷2次钙镁肥，肥料有0.5%氨基酸钙、0.2%～0.3%磷酸二氢钾和硫酸镁等。

（6）**避雨栽培** 避雨栽培是最有效的防止裂果措施之一（图8-22）。通过架设避雨棚，可以有效防止甜樱桃转色期因遇雨造成

图8-22　避雨栽培

裂果，同时能够预防晚霜冻害。南方夏季高温多雨的地区，避雨栽培对防止早期落叶病、褐斑病等效果明显。

(7) 大棚内防止裂果的措施　棚内裂果原因很多，主要是湿度过大或者湿度变化大造成的，所以棚内樱桃防裂果的措施是：①降低棚内湿度。成熟期如果遇到连续阴雨天，棚内通过加温设备烧火降湿；阴天白天烧火，同时放风除湿；夜晚放棉被，也要烧火。如果遇雨，白天不揭棉被，减小棚内湿度。除湿的作用，一是降低樱桃果实果皮皮孔吸水力，二是增加钙的吸收。②注意樱桃转色期不能喷药或者叶面肥，包括喷钙肥，以免樱桃吸水裂果。③补充钙、镁、锌、硼肥，秋施基肥要适当施用硅钙镁肥，幼果期和硬核后各喷一次氨基酸钙等钙肥，增加樱桃果皮柔韧性和樱桃果实硬度。④棚内湿度在一天中变化很大，夜晚湿度达到90%以上，晴天白天棚内湿度降到20%～30%，所以放风要缓慢，不能太急，防止棚内湿度变化太大。⑤调节土壤酸碱度。酸性土壤用石灰或者钙镁肥加大pH，增加树体对钙、镁、锌、硼的吸收。⑥浇水，覆盖地膜。硬核后浇水要均衡，做到小水勤浇，树盘覆盖地膜，降低棚内空气湿度，保持土壤湿度。

六、防止鸟害

成熟的樱桃果实色泽艳丽，口味甘甜，常常引起鸟类啄食危害，所以提倡预防措施。国内外预防鸟类的方法较多，如在樱桃园内悬挂稻草人或用塑料制作的猛兽形象挂在树上，来吓跑害鸟；在果园内敲锣打鼓，或录入一种鸟类惨叫的录音磁带，用扩音机播放，来惊吓鸟类；棚放风口要加防虫、防鸟网。

第九讲
甜樱桃保护地栽培

一、保护地栽培的意义及动态

　　樱桃是最早熟的水果品种之一，市场供应期短，采用温室及塑料大棚栽培，成熟期还可以提前 1 ~ 2 个月，延长货架期 2 ~ 3 个月，满足了市场需要，同时也提高了樱桃的经济效益。

　　欧美国家及日本 20 世纪 70 年代开始这方面的研究，80 年代后大量发展，例如日本全国采用各种类型设施栽培的面积约占甜樱桃总面积的 1/4。我国保护地栽培甜樱桃，面积最大的有辽宁大连和山东临朐县及其周边县（市），山西运城、陕西、山东烟台和青岛（平度市）也有少量栽培。辽宁大连地区甜樱桃保护地栽培落叶早，休眠早，升温早，成熟早，效益高。山东地区甜樱桃保护地栽培成熟期在大连之后，和露地栽培衔接。保护地栽培甜樱桃，是提高效益、拉长货架期最重要的方法之一。

二、品种配置

1. 品种选择　　大棚栽培的目的是生产更早熟、优质的甜樱桃，

因此应尽量选择品质优良、适宜大棚栽培的品种，如红灯、美早、先锋、拉宾斯、布鲁克斯、含香和一些黄果品种等。

2. 授粉品种的配置 棚栽甜樱桃授粉要求严格，主栽品种与授粉品种的配置和大田有所区别。由于大棚栽培湿度大、空气不流通，授粉距离短，授粉比较难，所以授粉品种的比例必须高一些，授粉树要与主栽树栽植比较近，相互交错，才能满足互相授粉的要求。主栽品种与授粉品种的比例2：1，最好授粉品种在3个以上。

三、大棚建设

大棚建设分东西向和南北向两种。大连地区由于比较冷，升温早，多采用东西向，有后墙保温的棚体（图9-1）。这种大棚一般脊高5～6米，后墙高4米左右，南北10米左右，后墙有保温层等，有利于后墙白天蓄温，晚上热辐射保温，不用加温设备，利用棉被或者草帘覆盖，保温效果好，成熟早（图9-2）。山东地区一般采用南北向拱棚，边高2.5～3米，宽20～24米，高6～8米，也可以连拱（图9-3）。东西棚没有后墙，棉被保温，棚内都有加温设备。加温设备的作用是：①棚保温差，夜晚温度低时需要加温。②棚内湿度大时可烧火降湿。这样的棚缺点是保温效果一般，甜樱桃成熟较晚；优点是通风容易，花期便于控制棚内温度。

图9-1 大连地区大棚外观

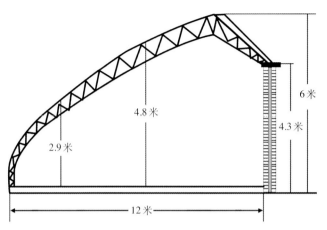

图9-2　大连地区大棚结构

图9-3　山东地区大棚

四、温湿度和光照管理

大棚甜樱桃温湿度控制见表9-1。

表9-1　大棚甜樱桃温湿度控制

	温度		湿度	
	白天	夜晚	白天	夜晚
升温1周内	13 ～ 20℃	2℃以上	60%以上	90%以上
萌芽前	18 ～ 25℃	4 ～ 10℃	60%以上	90%以上
萌芽至初花	16 ～ 18℃	6 ～ 7℃	50% ～ 60%	80%
盛花	16 ～ 18℃	5 ～ 8℃	40% ～ 50%	70%
幼果期	22℃左右	5 ～ 10℃	40% ～ 50%	70%
硬核期	18 ～ 20℃	4 ～ 8℃	40% ～ 60%	70%
膨大期	20 ～ 25℃	10 ～ 12℃	40% ～ 60%	70%
变色至成熟	20 ～ 25℃	10 ～ 15℃	40% ～ 50%	70%

1.温度管理　樱桃是落叶树种，必须通过低温休眠后才能正常开花发芽。休眠期需要在7.2℃以下1 000 ～ 1 440小时，不同品种会有差别。

（1）覆盖和催落叶管理　当地连续最低气温降到7.2℃以下时开始覆膜，白天覆盖草帘，夜晚揭开草帘，大连地区利用捂棚催落叶，使棚内保持0 ～ 7.2℃低温，一般30 ～ 40天时间即可完成休眠，12月上中旬开始升温。山东大部分地区落叶后扣棚降温，12月下旬到元旦开始升温。为了延长上市时期，扣膜时期可以错开，从而达到均衡上市。

图9-4　大棚内电子温湿度计

（2）气温管理（图9-4）　升温时要求缓慢升温，发芽1周内温度不要太高，以后温度适当控制，白天最高不能超过25℃，晚上2℃以上，不要超过10℃。从升温到开花控制在30 ～ 45天，不能时间太短，短了花芽后期分化不好，实践证明坐果率低；也不能太长，时间太长延后樱桃成熟期，与露地樱桃交接，影响效益。开花前1周适当降低棚内温度，有利于胚囊最后发育。硬核期白天温度要控制好，夜晚温度不能太高，以免高温呼吸作用强，消耗过多叶光合作用制造的养分，影响胚的发育。果实膨大期保持昼夜温差10℃以上，以利于樱桃养分积累，增加樱桃品质。

（3）地温管理　地温是根系生长的重要因素之一。据笔者测定，甜樱桃开花期地温宜在12.5～14℃，棚内樱桃地温低于12.5℃时不开花或者开花不整齐。这可能与地温低影响根系活动和生长，不能吸收足够水分和无机盐有关。棚内由于光照强度低、夜晚温度低、地面向外辐射大量热量、浇水温度低等原因，地温上升很慢。大棚樱桃花期地温见表9-2。

表9-2　大棚樱桃花期地温

	萌芽期（℃）	盛花期（℃）	末花期（℃）
地面以下10厘米	11	12.5	15
地面以下20厘米	9.2	13	15
地面以下30厘米	12	13	15

提高棚内地温的方法有：①起垄栽培。这样做的优点是土壤见光面积大，蓄热多，缺点是夜间向外热辐射也多。②地膜覆盖。采用起拱覆盖地膜，增加地温快，同时减少夜间地面向外辐射热量（图9-5）。③浇井水。据笔者测定，井水温度在13℃左右，花前用井水浇地，可明显提高地温。④多用有机肥。有机肥在土壤微生物分解过程中产生热量，加上有

图9-5　大棚内树下小拱棚增加地温

机肥颜色黑，晴好天气也容易蓄热，因此能有效增加地温。有机肥必须充分腐熟。

（4）大棚加温设施　由于冬季气温较低，低温棚升温后夜里棚内温度能够降至0℃以下，要使发芽前棚内温度保持在3℃以上，并且预备大棚排湿，就必须在棚内增加加温设施。高温棚由于有后墙白天蓄热，晚上依靠热辐射作用，棚内温度夜晚都能达到10℃左右，最低在4℃以上，所以一般不用加温设施。下面介绍几种加温设施。

①火龙洞。这种加温设施是山东临朐县果农根据烘烟房里的火龙洞改造而成的（图9-6至图9-8）。优点是投资少、方便、易操作、升温快，能提高部分地温。

火龙洞建造方法：在棚的一端向地下挖深、宽各80厘米的穴建造火炉，如以前的烘烟炉，炉条要粗，以免烧煤把炉条烧断。炉后开始的10～15

图9-6　大棚内火龙洞加温设施

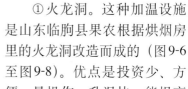

图9-7　火龙洞灶门　　　　　图9-8　火龙洞排烟道

米用砖和瓦砌成炉洞（不用瓷筒的目的是避免温度太高把瓷筒烧裂）。炉洞以后接两条用粗瓷筒支成的洞，左右各一条（用瓷筒的目的是散热均匀，避免靠近炉的一端温度高，而末端温度低）。瓷筒规格为长90厘米、内径20厘米、厚度1.5～1.8厘米，瓷筒构成的管道末端用抽风机抽风。视管道长度不同，抽风机的功率在100～500瓦。抽风机上边立烟筒即可。火龙洞要求火炉一边低（在地下50厘米处），烟筒一边高（高出地面30～40厘米）。火龙洞密封性一定要好，以免漏烟熏坏果树。夜晚当棚内降至5℃以下就可以生火加温，生火用的燃料有树枝、废木料、木板和煤。生火加温能提高2～3℃。扣棚到开花是一个积温过程，升温的棚可以提前开花半个月左右，效果明显。同时可在火龙洞的地方增加地温，特别是盛花期遇到雨雪、寒流等降温天气，可以确保棚内夜间温度保持在5～7℃，保花保果，同时降低棚内湿度，以免发生灰霉病和花腐病。

②锅炉。锅炉加温设施就是把锅炉加热后的热风用吹风机吹到管道里（图9-9），管道用散热布做成，受热面积大，热效率高，加温快，除湿容易，节省柴草和煤炭。缺点是投资高。这种加温设施现正在逐渐推广。

③太阳能热水器。方法就是在棚上安装太阳能热水器，或者在棚内用密闭的黑膜灌水，白天用太阳能把水烧热，晚上让热水

图9-9　樱桃大棚暖风炉

在棚内循环或者利用热水向外热辐射，利用水比热高的特点散热加温，明显提高地温。这种加温方法虽然投资大，但可以节约能源。目前还在试验阶段，可作为大棚加温的辅助措施，但阴天下雪不能使用。

图9-10　大棚内石灰除湿

2．湿度管理　花期和幼果期湿度不能太大，以免感染灰霉病、褐腐病等。降低棚内湿度的方法有放风降湿、采用地膜覆盖地面、阴雨天放风加烧火排湿等（图9-10）。在大棚内，樱桃接近成熟时，连续阴天后突然晴天和放风太急，棚内湿度变化大时，容易引起果实裂果。防止措施是：采用少量多次放风的方法，风口不能一次开得过大，要一点点地放风，让棚内温湿度逐渐变化。

由于大棚内湿度大和没有风，棚内樱桃落花时要用吹风机或者橡皮锤人工振落花瓣（图9-11、图9-12），防止花瓣贴在幼果上

图9-11　大棚内人工振落花瓣疏花

图9-12　振落花瓣工具——皮锤

引起灰霉病的发生。

3.光照管理 光照是影响大棚甜樱桃开花、坐果、生长发育的重要因素。由于大棚甜樱桃物候期提前,夜晚又需要覆盖保温,上午揭棚晚,下午覆盖早,昼短夜长,光照强度低,时间短,光照严重不足,而樱桃又是短日照开花,花期授粉时间短,且樱桃又是喜光照植物,幼叶因光照不足容易补偿性生长,叶片、新梢和幼果营养竞争特别明显,因此很容易造成生理落果。樱桃各物候期光照强度对照见表9-3。

表9-3 樱桃棚内光照强度与露地同物候期对照

	棚内(勒克斯)	露地(勒克斯)
花期	14 000	92 300
幼果期	25 000	120 400
膨大期	43 000	152 300

从表9-3可以看出,棚内同物候期光照强度比露地低很多,这也是棚内樱桃坐果率低和生理落果率高的原因之一,因此增加光照时间和提高光照强度对棚内樱桃丰产作用巨大。方法是:在晴好天气,早揭晚盖,阴天尽量揭棚,利用漫射光增加光照;利用透光性好的膜覆盖,增加膜透光率,提高可见光、红外线、紫外线通透率,夜晚可以用光照设备补光(图9-13)。

图9-13 大棚内补光设施

五、关键栽培技术

1.打破甜樱桃休眠技术 甜樱桃的需冷量是低于7.2℃的时间是1 000 ~ 1 440小时,一般休眠超过900小时后即可升温。打破

休眠的措施包括低温处理和药剂处理。

(1) **低温处理**　扣棚后，不先进行升温。前期进行低温处理即白天不揭棚，晚上揭草帘，打开通风口，尽量使棚内处于0～7℃的环境30天左右，加大其休眠时数。

(2) **药剂处理**　果农扣棚晚，升温早，没有进行人工降温，一般休眠在800～900小时，所以有的未达到需冷量，出现开花不整齐现象，并且坐果率很低。据上海交通大学张才喜等研究，樱桃休眠不足诱发胚珠、胚囊发育不良是坐果率低的主要原因。为了解决这个问题，利用单氰胺打破休眠，效果很好，能够提早开花7～10天，并且开花整齐。可利用不同喷施浓度，调节棚内樱桃开花期。施用方法及注意事项是：①在果树升温前1天或者升温后2～3天，充分浇水，用50%单氰胺（荣芽、芽早等）60～100倍液均匀喷在树上，要求喷布均匀，不均匀容易出现开花不整齐现象。②开花晚的品种喷布多一些（如萨米脱），开花早的喷布少一些。③本品有毒，尽量要有防护措施，喷药前后3～7天不要饮酒，以防过敏。④喷后棚要密闭，保证棚内湿度在90%以上，以免烧芽。⑤浓度过大、喷布过多易造成叶芽早萌发旺长现象，一般需要在发芽前喷100～150倍的PBO或者烯效唑等控制新梢生长，喷控长剂在樱桃分蕾期效果最好，喷药浓度视树体情况而定。

单氰胺遇碱分解成双氰胺，遇酸分解成尿素，无残留。其打破樱桃休眠的机理可能是：抑制了过氧化氢酶的活性，加速戊糖氧化磷酸化循环，致使新陈代谢所需的核苷酸合成减少，促使萌芽，提高萌芽率，使花芽萌发一致。

(3) **高温破眠**　就是升温后利用2～3天高温打破休眠，棚内温度在25～30℃，以后降低棚温。

2.**人工授粉**　通过人工或蜜蜂等昆虫花期辅助授粉，提高坐果率。详细方法参照本书"甜樱桃花果管理"中的"花期授粉"一节。

3.**防止先叶后花**　樱桃树是先开花后长叶的树种，但在棚内往往出现先叶后花或花叶同时生长的现象。

(1) 发生原因

①未通过休眠。樱桃树开花早，但休眠期长，据资料介绍，可达到7.2℃以下1 100～1 440小时。由于部分果农为了提前上市，早扣棚升温，没有进行人工降温，在12月20日前就揭帘升温，因此出现开花不整齐和先叶后花现象。

②地温过低。部分果农浇地用的水温度过低或不扣地膜，使地温偏低，开花期地温达不到12℃以上，根系活动慢，吸收慢，树体营养不足，促使其补偿性生长，出现先叶后花的现象。

③温度低、阴天多。保护地栽培是在短日照情况下进行的，在大棚樱桃萌芽后，棚内温度低或阴天多、湿度大、光照不足，树体营养不足，为了调节体内营养结构，进行补偿性生长。

④喷破眠剂。喷施破眠剂单氰胺后，也会使部分叶芽提早萌动，出现先叶后花的现象。

甜樱桃出现先叶后花或花叶同时生长的现象对结果不利。这种现象加速了树体营养生长对养分的竞争，使用于开花坐果的养分不足，造成授粉后坐果不良或生理落果严重。如雷尼在这方面表现特别严重，有时生理落果达到80%以上。

(2) 防止措施

①扣棚后要进行人工降温不少于15天，让树体充分休眠，休眠期最少900小时，特别是一些秋末冬初温度偏高的年份。

②早扣地膜，地膜起拱扣，提高低温。浇水要浇井水，不要浇温度低的池水。

③阴天多的年份要适当补光，抹除部分叶芽，节约养分。

④喷施单氰胺要均匀，发芽前一定要喷控长调节剂。

4. 疏花疏果和促进果实着色 疏去过密的花和果，特别是疏掉小果、畸形果、不着色的果，可使单果重提高。光照强弱影响果实着色，每年要换用新的塑料薄膜，以提高光照强度。在着色期间如果气温相当高，则白天尽量多打开通风口，使太阳直接照射进去。另外，地面上可以铺设反光膜，增加树体内膛的光照，促进着色。硬核后通过水肥一体化施高钾肥和树叶喷叶面肥，变

色后温度白天不能超过25℃，昼夜温差保持在10℃以上。

5.**棚内花枝高接技术**　甜樱桃设施栽培中，由于授粉品种少或搭配不合理等问题或授粉树与主栽树距离太远，易造成大棚樱桃坐果少、产量低。采用改良双舌接法对大棚樱桃进行花枝高接，成活率可达90%以上，增加了棚内甜樱桃的授粉源，当年高接，当年开花结果，当年为其他品种授粉，大幅度提高了棚内甜樱桃的整体产量（图9-14、图9-15）。

图9-14　大棚樱桃开花状　　　　图9-15　大棚内带花枝高接当年结果状

（1）嫁接时间　大棚樱桃升温5天后到15天内，以早接为宜，早接是为嫁接品种不要开花太晚，以免成活率低。选择晴天进行嫁接，防止棚内温度过低影响成活率。

（2）嫁接方法　用改良双舌接法，增加嫁接口接触面积。

（3）注意事项　接穗选用2～3年生带花长枝，长度以50～80厘米较为适宜；多头嫁接，每株嫁接30～40头，尽量多接；嫁接授粉枝的树，选取树的上部，每株嫁接2～3枝即可；接穗的削面尽量加长，以3～5厘米为宜，加大愈合面有利于成活；嫁接后接口一定要绑结实，对齐形成层；嫁接前1周，对改接树进行充分浇水，保证棚内湿度，以提高成活率；嫁接后在不影响生长的情况下尽量晚解绑，以免从嫁接部位折断。

（4）嫁接后的管理

①及时除萌。于嫁接后及时除萌，直到无萌蘖抽生为止。树

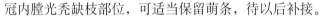

冠内膛光秃缺枝部位，可适当保留萌条，待以后补接。

②肥水管理。在施足腐熟基肥的前提下，从成活后开始每隔10～15天追肥浇水1次，连续4～5次，以速效肥为主，迅速扩冠。以后的管理与其他树相同。

③对只嫁接授粉枝的树，按照常规管理即可。

④带花枝高接，对红灯、美早等树效果好，拉近了授粉距离，树体上部嫁接先锋、拉宾斯等生长势弱的枝条，受顶端优势影响，嫁接品种长势好，坐果多，个头大，品质好。

6. 大树移栽技术 大棚内樱桃树结果少、产量低，与一些品种在棚内坐果率低有关。对此，进行了棚内大树移栽换树，成活率达到100%，当年可以开花结果，既保证了良树良种进棚，又保证一些在露地栽培条件下表现良好的品种（如乌克兰系列等）可以移到露地栽培，节约了品种资源。大树移栽考特砧木比较好，因为考特须根多，成活率高，大青叶成活率明显低。

（1）大树的选择 选择大田或育大苗苗圃中的树形好、在棚内坐果率高的品种，如布鲁克斯、先锋、拉宾斯、美早、雷尼等。

（2）移栽方法 棚内树移出后，对原土壤进行换土或土壤杀菌、消毒，常用杀菌剂有硫酸亚铁等。移栽方法是，有条件的要带坨移栽，视树的大小，土坨要占树冠的1/5～1/4。如果不能带坨，也要尽量保留充分多的须根。大树要尽量带大坨。移栽时要尽量避免把花芽碰坏。栽植时根要舒展，栽植深度与原来一样。栽后浇足水，覆上地膜，以后视土壤情况适量浇水，要小水勤浇，土壤含水量保持在60%左右。

（3）修剪 移栽后要适量修剪，去除过密枝、重叠枝、并生枝、病虫枝和损坏枝，回缩过长枝，修剪量要在全树枝量的1/3左右。

（4）施肥 树成活后追施少量速效肥和有机肥，坐果后喷2～3遍叶面肥，采果后施速效肥和有机肥，使树体健壮、积累营养，保证第二年开花结果。

7. 大棚甜樱桃单性结实技术 大棚内部分品种生长旺盛，结果晚，初果树坐果率低等，大连开始应用调节剂处理，进行单性

图9-16　单性结实调节剂点花

结实，在美早、红灯等生长势强的品种上应用效果很好，产量高，果个大，效益高。单性结实樱桃果没有果仁，不能形成赤霉素、生长素、细胞分裂素等激素，就需用喷调节剂的方法给樱桃各个时期补充激素，刺激生长（图9-16）。山东临朐用2次药，大连地区有用2次，也有用3次的，根据情况而定。据有关资料介绍，调节剂配制方法是：75%赤霉素1克，植生源（细胞分裂素）10毫升，贝嫁（防落素）2克，富果（氨基酸）15毫升对水7.5千克，应该还有萘乙酸、吲哚乙酸等其他调节剂，应先做好试验再用。药剂有点花药和喷花药。比例不同，效果也有差异。点花药使用剂量大，不脱萼；喷花药脱萼但容易出现落果现象，注意选择。

（1）**施用方法**　樱桃盛花期时点药，按要求配好药剂，加红色染色，用兽用针对准花的柱头喷，每朵花点少量即可，初开花点药不易脱萼，最好在盛花期至盛花末期进行。第一次用药后15～25天（硬核前期，硬核后喷药已晚，硬核后喷药作用不大还容易引起裂果）用第二次，第二次药用小喷头对准果喷，注意适当遮挡叶片和芽。用3次的，第二次一定要距离第一次15天以内，第三次在第二次药后10天（硬核前后，尽量在硬核前）喷。

（2）**注意事项**　①不要在阴雨天点花，以免增加花的湿度，易得花腐病，可以稍加一点腐霉利和异菌脲等抗花腐药，不过要先试验，后应用。②由于用调节剂后坐果多，果个大，消耗树体营养多，因此必须加大树施肥量，特别有机肥用量加大1倍以上。③调节剂有阻碍花芽分化、增加营养生长的作用，点花不能太多，最好全树主枝轮换点药，也可主枝花朵隔段点药。④用药后棚内温度不要太高，特别是幼果期和硬核期，白天温度20℃左右，夜

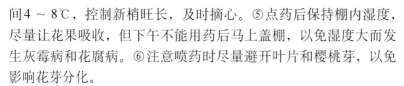

间4～8℃，控制新梢旺长，及时摘心。⑤点药后保持棚内湿度，尽量让花果吸收，但下午不能用药后马上盖棚，以免湿度大而发生灰霉病和花腐病。⑥注意喷药时尽量避开叶片和樱桃芽，以免影响花芽分化。

（3）出现的问题　由于受不同天气影响，用药经常出现生理落果现象，要早发现、早防治，出现问题，马上补药。棚内尽量配置授粉树，单性结实只是辅助作用，不能全面依靠。出现落果问题，可能是药剂剂量不够或者施用不当、温度没有调控好造成的。

注意：用药后温湿度可能与大连不同，大连棚内温度明显高，果农可以先试验，后应用。

8.二氧化碳施肥　从樱桃展叶到果实生长期，保护地内空气中二氧化碳是不够的，影响光合作用高效率地进行，最好进行二氧化碳施肥。

9.病虫害防治　大棚甜樱桃病虫害的种类和大田一样，棚内湿度大，防治灰霉等可用弥雾机喷药。其他方法药剂参照"甜樱桃病虫害防治"部分。

第十讲
甜樱桃病虫害防治

一、主要害虫及防治

1. 红颈天牛

（1）形态特征　成虫体长 2.8 ～ 3.7 厘米，宽 0.8 ～ 1.0 厘米，雌者比雄者大，黑色，有光泽（图 10-1）。前胸背板棕红色，故名红颈天牛。卵长椭圆形。幼虫初为乳白色，老熟时黄白色（图 10-2）。蛹为裸蛹，淡黄白色，近羽化时为黑褐色。

图 10-1　红颈天牛成虫

图 10-2　红颈天牛幼虫

（2）**发生规律** 2～3年发生1代，以幼虫在树干的隧道内越冬。春季树液流动后越冬幼虫开始活动危害，4～6月老熟幼虫在木质部隧道内以分泌物黏结粪便和木屑做茧化蛹，6～7月羽化为成虫。刚羽化的成虫在蛹室内停留3～5天，然后钻出交尾，产卵于根颈和粗枝的表皮下。9～10天后卵孵化成幼虫。幼虫孵化后，蛀入皮层内，开始蛀食木质部的表层，蛀道弯曲而不规则，排泄红褐色锯末状虫粪。随着幼虫长大，排粪孔距离越来越大，虫粪数量越来越多。红颈天牛一生大部分时间是以幼虫在树干内蛀食危害，往往多头幼虫在同一被害处生存，但它们在各自蛀食的隧道内活动，危害面积大，易造成树干枯死。

（3）**防治方法**

①人工捕杀成虫。成虫发生期（6月下旬至7月上旬），在中午或下午进行人工捕杀。

②树干涂白。成虫羽化前（6月上中旬）在枝干上涂白，防止产卵。涂白剂配方：生石灰10份，硫黄粉1份，水40份。

③及早消灭幼虫。幼虫越小，治得越早，对树体的危害越轻。应在8～9月幼虫活动期防治。人工检查枝干上有无产卵伤口和细小虫粪排出，发现后用小刀或细钢丝将其刺死，也可用具有熏蒸作用的杀虫剂浸泡棉球将虫孔堵塞，再用黄泥封闭排粪孔进行熏蒸，效果极佳。也可以用泥堵塞排粪孔，用注射器取5倍的药剂注射在虫道内杀死幼虫，防治的药剂有菊酯类农药，以及绿僵菌、白僵菌、苏云金杆菌等。

2. 金龟子（图10-3）

（1）**形态特征**

①苹毛金龟子。成虫除鞘翅和中胸小盾片光滑外，皆密被黄白色细绒毛。卵椭圆形，乳白色，表面光滑。老熟幼虫头部黄褐色，胸、腹部乳白

图10-3　金龟子成虫

色，体肥大，呈C形弯曲，称蛴螬。蛹为裸蛹，初白色，后渐变成淡褐色，羽化前转为深红褐色。

②黑绒金龟子。成虫体黑褐色或棕褐色，体表较粗而灰暗，有丝绒光泽，体型小，近卵圆形。卵椭圆形，乳白色。幼虫乳白色，头部黄色，体上有黄褐色细毛。蛹黄色，头部黑褐色。

（2）发生规律　金龟子对樱桃花、叶、根危害很大，苹毛金龟子、黑绒金龟子危害花蕾和花芽幼叶最严重。

苹毛金龟子1年发生1代，以成虫在土层内越冬，一般深度为30～50厘米。第二年果树萌芽期成虫开始出蛰，最先出蛰的成虫飞到杨、榆、柳树上危害，随后转到梨、桃、樱桃等果树上危害，成虫危害期约1周时间，花蕾至盛花期受害最重。成虫交尾一般在气温较高时进行，每天上午9～10时出土，傍晚气温低于10℃则入土潜伏。卵散产在5～10厘米土层内，卵期1个月左右，后孵化为幼虫。幼龄幼虫生活在土壤浅层，3龄后下移至30～50厘米深处，做成土室准备化蛹。8月中下旬为化蛹盛期。9月上旬至10月上旬羽化，羽化后的成虫在土室内越冬。

黑绒金龟子1年发生1代，以成虫在20～30厘米土层越冬。第二年，当土地解冻达到越冬部位时，越冬成虫开始活动。4月至5月初，连续5天平均气温在10℃以上时，成虫大量出土，5月上旬至6月下旬为盛发期。

金龟子在富含有机质的土壤里产卵，特别是没有腐熟的有机肥会大量产生金龟子幼虫，啃食树根，马哈利砧木最厉害，轻者树体衰弱，重者死亡。

（3）防治方法

①成虫发生期，利用其假死性，组织人力于清晨或傍晚振落捕杀成虫，树下铺塑料布或床单，集中消灭。

②果树开花前树冠下撒10%辛硫磷颗粒或用阿维菌素灌根，每株成年树约0.2千克，耙松表土与药粉混合，成虫出蛰或入土时将其毒死。或者用金龟子绿僵菌灌根，杀死幼虫。

③用鲜菠菜或柳叶蘸氯氰菊酯、辛硫磷等于傍晚撒在园地里，

金龟子吃后即被毒死。

④施肥时一定要用充分腐熟的有机肥，或者带有益菌的有机肥。没有腐熟的有机肥，一定要加碳酸氢铵、阿维菌素、僵菌密闭杀死虫或卵后再施用。

3.梨小食心虫　简称梨小，又名东方果蛀蛾、桃折心虫，俗称蛀虫、黑膏药。

（1）危害状　最初幼虫在果实浅处危害，周围易变黑。果内蛀道直向果心，果肉、种子被害处留有虫粪，果面有较大脱果孔。虫果易腐烂脱落。幼虫危害新梢时，多从新梢顶端2～3片嫩叶的叶柄基部蛀入新梢髓部，并往下蛀食，新梢逐渐萎蔫，蛀孔处有虫粪排出，并流胶，随后新梢干枯下垂。梨小食心虫在樱桃上危害，大部分危害新梢（图10-4），没有发现危害果实。

图10-4　梨小食心虫危害樱桃嫩梢

（2）形态特征　成虫体长0.46～0.60厘米，雌雄极少差异，全体灰褐色，无光泽。卵淡黄白色，近乎白色，半透明，扁椭圆形，中央隆起，周缘扁平。末龄幼虫体长1.0～1.3厘米，全体非骨化部分淡黄白色或粉红色，头部黄褐色。蛹体长0.6～0.7厘米，黄褐色，腹部第3～7节背面前后缘各有1行小刺。

（3）发生规律　山东地区1年发生4～5代。各地都以老熟幼虫在枝、干、根颈部粗裂皮缝里，以及树下落叶、土里结茧越冬。各世代有重叠发生现象。成虫傍晚活动，喜食糖醋液和烂果液。寄主复杂，有转移危害的习性。1～2代危害樱桃、桃等新梢，3～5代转移到晚熟桃、梨等危害果实。

天敌有寄生于幼虫的小茧蜂、中国齿腿姬蜂、钝唇姬蜂，寄生于卵的赤眼蜂卵等。

（4）防治方法

①要做好虫情测报工作，提高防治效果。采用性诱剂、黑光灯或诱集剂（5%糖水加0.1%黄樟油或八角茴香油）、糖醋液（红糖：醋：白酒：水＝6：3：1：10，糖醋液配好后加5%聚酯类农药）等诱集成虫，指导喷药，提高药剂防治的效果。

②建立新果园时，尽可能避免桃、杏、李、樱桃、梨、苹果混栽。

③消灭越冬幼虫。早春发芽前，对有幼虫越冬的果树进行刮除老树皮工作，刮下的粗皮集中烧毁。

④诱杀。在越冬幼虫脱果前（北部果区一般在8月中旬前）在主枝主干上，利用束草或麻袋片诱集越冬的幼虫，集中解下销毁。

⑤修剪。5～6月新梢被害时及时进行剪除被害梢工作，剪下的虫梢集中处理。

⑥药剂防治。在成虫高峰期后3～5天内喷洒药剂。一般在卵叶率1%～2%时喷药，常用药剂有20%氯虫苯甲酰胺5 000倍液、1%甲维盐3 000倍液等，在幼虫孵化初期喷25%灭幼脲3号800倍液。

4. 舟形毛虫 又名苹果舟形毛虫、苹掌舟蛾、苹果天社蛾。

（1）危害状 小幼虫群集于樱桃叶片正面，将叶片食成半透明纱网状；稍大幼虫食去叶片，残留叶脉和叶柄。

（2）形态特征 成虫体长约2.5厘米，翅展约5.0厘米。体黄白色，翅面中央部位有4条不清晰的黄褐色斑。卵球形，初产时淡绿色，近孵化时变为灰色，卵粒排列整齐而成块。老熟幼虫体长5.0厘米左右，头黑色、有光泽，胸部背面紫褐色，腹面紫红色。蛹体长约2.3厘米，暗红褐色。

（3）发生规律 1年发生1代，以蛹在根部附近约7厘米深的土层内越冬。第二年7月上旬至8月上旬羽化，7月中下旬为羽化盛期。成虫昼伏夜出，趋光性较强。卵多产在叶面，卵期7～8天。9月幼虫老熟后陆续沿树干爬下，入土化蛹越冬。

（4）防治方法

①人工防治。早春翻树盘，将土中越冬蛹翻于地表，使其被

鸟啄食或被风吹干。在幼虫未扩散前，及时剪掉群居幼虫的叶片，或振动树枝，使幼虫吐丝下坠，集中消灭。

②生物防治。释放卵寄生蜂如赤眼蜂等，对舟形毛虫卵的寄生效果较好。幼虫期喷含活孢子100亿/克的青虫菌粉800倍液。

③药剂防治。毛虫耐药性差，一般杀虫剂都能杀死，防治关键时期是在幼虫3龄以前，可喷10%氯氰菊酯2 000倍液，1%甲维盐3 000倍液或者其他杀虫剂均有效。

5. 苹小卷叶蛾 又名棉褐带卷蛾、苹小黄卷蛾，俗称舐皮虫。

（1）**危害状** 幼虫危害果树的芽、叶、花和果实，早春先蛀入新萌发的嫩芽，花蕾期幼虫转移到花上危害，受害花不能坐果。展叶后小幼虫常将嫩叶边缘卷曲，以后吐丝缀合嫩叶；大幼虫常将2～3张叶片平贴，或将叶片食成孔洞或缺刻（图10-5），将果实啃成许多不规则的小坑洼。

图10-5　卷叶蛾危害状

（2）**形态特征** 成虫体长0.6～0.9厘米。全体黄褐色，静止时呈钟罩形。前翅斑纹明显，基斑褐色。卵扁平，椭圆形，长径0.07厘米，淡黄色半透明，卵块多由数十粒卵排成鱼鳞状。老熟幼虫体长1.3～1.8厘米，黄绿色至翠绿色，头部较小、略呈三

角形。蛹黄褐色，腹部2～7节背面各有两列刺突，后面一列小而密。

（3）发生规律　在我国北方大多数地区每年发生3～4代，以初龄幼虫潜伏在剪口、锯口、树杈的缝隙中、老皮下以及枯叶与枝条贴合处等场所做白色薄茧越冬。

果树花芽开绽时，出蛰幼虫先在嫩芽、花蕾上，待叶片伸展后便吐丝缀叶危害。3龄以后，有转移危害习性。幼虫老熟后，在卷叶内化蛹。越冬代至第三代成虫分别发生于5月上中旬、6月下旬、7月中旬、8月上中旬和9月底至10月上旬。雨水较多的年份发生最严重，干旱年份少。幼虫受振动时，虫体剧烈扭动，从卷叶内脱出，吐丝下垂。成虫白天多栖息在叶背或草丛间，夜间进行交尾和产卵。

卵期天敌有拟澳赤眼蜂、松毛虫赤眼蜂；幼虫天敌有卷叶蛾肿腿姬蜂；蛹期天敌常见的是粗腿小蜂。虎斑食虫虻、白头小食虫虻和一些蜘蛛均可捕食卷叶蛾类的幼虫和蛹。

（4）防治方法

①农业措施。冬春刮除老皮、翘皮。春季结合疏花疏果，摘除虫苞。

②涂杀幼虫。果树萌芽初期喷5波美度石硫合剂，菊酯类液涂抹剪锯口等幼虫越冬部位，可杀死大部分幼虫。

③树冠适期喷药。主要在4月下旬、6月中下旬至7月上旬，药剂有5%氯虫苯甲酰胺乳油5 000倍液或1%甲维盐2 000倍液，或在1～2龄期喷25%灭幼脲3号1 000倍液等防治，或者用鱼藤酮、苦参碱等防治。在大棚里，樱桃硬核后如果发现卷叶蛾危害，必须马上喷药防治，以免大面积发生。

④诱杀成虫。在各代成虫发生期，利用黑光灯、糖醋液、性诱剂挂在果园内诱杀成虫。

⑤生物防治。释放赤眼蜂。各代卷叶虫卵发生期，在诱蛾高峰后第3～4天开始释放赤眼蜂。用苏云金杆菌、杀螟杆菌、白僵菌等微生物农药防治幼虫。喷布病原微生物，利用病毒防治幼虫，

在卵孵化期和2～3龄期每亩喷2.44～4.44克APGV罹病尸体，可达到80%～90%的防治效果。

6.褐卷叶蛾

（1）**危害状**　幼虫取食樱桃新芽、嫩叶和花蕾，常吐丝缀叶或纵卷1叶，隐藏在卷中、缀叶内取食危害。严重时植株生长受阻，不能止常开花，另外还舔食果面，造成虫疤，降低果品质量。

（2）**形态特征**　成虫全身黄褐色或暗褐色，前翅基部有一暗褐色斑纹，前翅中部前缘有一条浓褐色宽带，带的两侧有浅色边，前缘近端部有一半圆形或近似三角形的褐色斑纹，后翅淡褐色。卵扁圆形，长约0.09厘米，初为淡黄绿色，近孵化时变褐，数十粒排成鱼鳞状卵块，表面有胶状覆盖物。幼虫体灰绿色，后缘两侧常有一黑斑。蛹长约1.1厘米，头和胸部背面暗褐色稍带绿色，背面各节有两排刺突。

（3）**发生规律**　在辽宁1年发生2代，河北、山东、陕西1年发生2～3代。以幼龄幼虫在树体枝干的粗皮下、裂缝、剪锯口周围死皮内结白色丝茧越冬。翌年寄主萌芽时出蛰危害嫩芽、幼叶、花蕾，严重的不能展叶开花坐果。老熟幼虫在两叶重叠间化蛹。蛹经8～10天羽化。在辽宁南部地区越冬代成虫于6月下旬至7月中旬羽化，第一代7月中旬至8月上旬羽化，第二代8月下旬至9月上旬羽化。在山东地区越冬代成虫于6月初至6月下旬羽化，第一代7月中旬至8月上旬羽化，第二代8月下旬至9月中旬羽化。成虫产卵于叶正面，每雌蛾平均产卵120～150粒。卵期7～9天。刚孵化幼虫群栖在叶背面主脉两侧或前一代幼虫化蛹的卷叶内危害，稍大后分散卷叶或舔食果面危害。幼虫活泼，遇有触动即离开卷叶，吐丝下垂，随风飘移至他枝危害。用手轻触其头部即迅速后退，触及尾部即迅速向前或跳跃逃逸。一般在同一株树上的内膛枝和上部枝被害较重。幼龄幼虫于10月上旬开始进入越冬。成虫对糖醋液具有趋化性。

（4）**防治方法**　褐卷叶蛾的生活习性与苹小卷叶蛾相似，其防治方法可以参阅苹小卷叶蛾。

7.绿盲蝽

（1）危害状　为多食性害虫，以若虫和成虫刺吸樱桃嫩叶和嫩梢的汁液。被害处最初出现小黑点，小黑点逐渐破裂穿孔。随着叶片生长，破裂处增大，叶片破碎，畸形生长（图10-6）。

图10-6　绿盲蝽危害樱桃叶片

（2）形态特征　成虫体长约0.5厘米，宽0.2厘米，绿色（图10-7）。头呈三角形，黄褐色。复眼突出，黑色。触角丝状，4节。前胸背板深绿色，密布许多小黑点。中胸小盾片三角形，黄绿色。前翅绿色，膜质部分暗灰色。足绿色。卵口袋状，长约0.1厘米，黄绿色。若虫绿色，体形与成虫相似，3龄若虫出现翅芽。

（3）发生规律　绿盲蝽在北方地区1年发生3～5代，以卵越冬。3月下旬至4月上旬当5日平均气温达到11℃时，越冬卵开始

图10-7　绿盲蝽成虫

孵化，5月上旬出现成虫。成虫羽化后6～7天开始产卵，卵多产于嫩叶、嫩梢和叶柄等处的组织内。若虫孵化后可刺吸樱桃嫩叶和嫩梢的汁液，致使叶片出现破损状。成虫飞行能力强，遇惊即飞走。

（4）**防治方法**

①清除果园中的枯枝落叶，消灭越冬卵。

②发芽前喷5波美度石硫合剂。发芽后发现嫩叶被害时喷10%吡虫啉可湿性粉剂3 000倍液，3%啶虫脒2 000倍液，10%烯啶虫胺4 000倍液，或20%氰戊菊酯乳油2 000倍液防治。

8.**桑盾蚧** 别名桑白蚧、桃介壳虫、桑白盾蚧。主要危害樱桃、李、杏、桃、苹果、梨、葡萄、核桃等果树（图10-8）。

图10-8 桑盾蚧

（1）**危害状** 若虫和雌成虫刺吸枝干汁液，偶有危害果、叶者，削弱树势，重者枯死。

（2）**形态特征** 成虫雌体长0.9～1.2毫米，淡黄至橙黄色，介壳灰白至黄褐色，近圆形，长2～2.5毫米，略隆起，有螺旋形纹，壳点黄褐色，偏生一方。雄体长0.6～0.7毫米，翅展1.8毫米，橙黄至橘红色。触角10节念珠状有毛。前翅卵形，灰白色，被细毛；后翅特化为平衡棒。介壳细长，1.2～1.5毫米，白色，背面有3条纵脊，壳点橙黄色位于前端。卵椭圆形，长0.25～0.3毫米，初粉红色后变黄褐色，孵化前为橘红色。若虫初孵淡黄褐色，扁椭圆形，长0.3毫米左右，眼、触角、足俱全，腹末有2根尾毛，两眼间具2个腺孔，分泌绵毛状蜡丝覆盖身体。2龄若虫眼、触角、足及尾毛均退化。蛹橙黄色，长椭圆形，仅雄虫有蛹。

（3）**发生规律** 北方1年发生2代。2代区以第二代受精雌虫

于枝条上越冬。寄主萌动时开始吸食，虫体迅速膨大，4月下旬开始产卵，5月上中旬为盛期。卵期9～15天，5月间孵化，中下旬为盛期。初孵若虫多分散到2～5年生枝上固着取食，以分权处和阴面较多，6～7天开始分泌绵毛状蜡丝，逐渐形成介壳。第一代若虫期40～50天，6月下旬开始羽化，盛期为7月上中旬。卵期10天左右，第2代若虫8月上旬盛发，若虫期30～40天，9月羽化交配后雄虫死亡，雌虫危害至9月下旬开始越冬。

（4）防治方法

①北方果树休眠期用硬毛刷或钢丝刷刷掉枝条上的越冬雌虫，剪除受害严重的枝条，之后喷洒5%矿物油乳剂或机油乳剂（蚧螨灵）。

②保护利用天敌。捕食性天敌有澳洲瓢虫、大红瓢虫、小红瓢虫、红点唇瓢虫、黑缘红瓢虫、日本方头甲、中华草蛉、晋草蛉等。

③发芽前喷5波美度石硫合剂，发芽后用25%扑虱灵可湿性粉剂1 000～1 500倍液或22.4%螺虫乙酯乳油4 000倍液喷雾；在低龄若虫期用20倍的石油乳剂加0.1%的上述杀虫剂一种喷洒或涂抹；当介壳形成以后进入成虫阶段则防治较困难，用20～25型洗衣粉20%溶液涂抹或用普通洗衣粉2千克，加柴油1千克，对水25千克喷淋或涂抹也有效。

其他介壳虫可以参照防治。

9. 大青叶蝉

（1）危害状　幼虫叮吸枝叶的汁液，引起叶片正面出现苍白色斑点，以后变黄，提早落叶削弱树势。成虫产卵在枝条树皮内，造成枝干损伤，水分蒸发量增加，影响安全越冬，引起抽条或冻害。

（2）形态特征　成虫体长0.7～1.0厘米，体色青绿色，头橙黄色。前胸背板深绿色，前缘黄绿色，前翅蓝绿色，后翅及腹背黑褐色。足3对，善跳跃，腹部两侧、腹面及足均为橙黄色。卵长卵形，一端略尖，中部稍凹，长0.16厘米，初产时乳白色，以后变为淡黄色，常以10粒左右排在一起。若虫初期为黄白色，头大腹小，胸、腹背面看不见条纹，3龄后为黄绿色，并出现翅芽。老龄若虫体长0.6～0.7厘米，胸腹呈黑褐色，形似成虫，但无发育完整的翅。

（3）**发生规律** 每年发生3代，以卵块在枝干春皮下越冬。第二年早春孵化，第一和第二代危害杂草或其他农作物，第三代在9～10月危害樱桃，产卵时，产卵器划破树皮造成月牙形伤口，产卵7～8粒，排列整齐，使枝条伤痕累累。成虫趋光性极强。

（4）**防治方法** 消灭果园和苗圃内以及四周杂草，人工灭卵，结合修剪剪除产卵枝条，或对卵块密度大的幼树进行冬季人工压破卵块工作；饲养或保护天敌，如人工饲养赤眼蜂、叶蝉柄翅卵蜂等，或在天敌出现盛期减少打药次数，保护天敌。

9月成虫出现时，喷20%氰戊菊酯1 500～2 000倍液，10%吡虫啉可湿性粉剂3 000倍液，3%啶虫脒2 000倍液，10%烯啶虫胺4 000倍液，杀死若虫和成虫。利用成虫趋光性，设置黑光灯诱杀成虫。

10.梨花网蝽

（1）**危害状** 成虫、若虫都群集在叶背面刺吸汁液，受害叶背面出现很像被溅污的黑色黏稠物。这一特征易区别于其他刺吸害虫。整个受害叶背面呈锈黄色，正面形成很多苍白斑点，受害严重时斑点成片，以致全叶失绿，远看一片苍白，提前落叶，影响花芽形成（图10-9）。

（2）**形态特征** 成虫体长约3.5毫米，扁平暗褐色，前胸背板向两侧扩展成两片

图10-9 梨花网蝽危害状

环状突起，体背面有网状花纹，腹部金黄色，足黄褐色（图10-10）。卵淡黄色椭圆形，半透明，一端弯曲，长约0.6毫米。初孵若虫体白色，复眼红色，几小时后变为暗褐色，翅芽明显，外形似成虫。

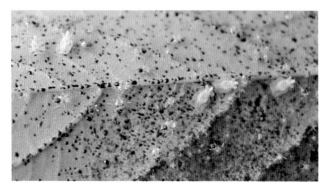

图10-10　梨花网蝽

（3）发生规律　在华北地区1年发生3～4代，黄河故道地区
1年4～5代。以成虫在落叶、杂草、树皮缝和树下土块缝隙内越
冬。当地梨树展叶时开始活动，产卵于叶背面叶脉两侧的组织内。
若虫孵化后群集在叶背面主脉两侧危害。由于成虫出蛰很不整齐，
造成世代重叠，到10月中下旬成虫开始寻找适宜场所越冬。

（4）防治方法

①消灭越冬成虫，彻底清除树下落叶、杂草，刮除老树皮。

②越冬成虫出蛰上树时，如数量多，可用药剂防治，用药种
类及浓度参照绿盲蝽和叶蝉防治方法。应抓住第一代若虫期喷药
防治。

③9月在树干绑草把诱集越冬成虫加以消灭。

11.桃小蠹虫　主要分布于河南、山西、陕西、山东等地，在
河北部分桃产区危害严重，主要危害桃、杏、樱桃等核果类果树。

（1）形态特征　成虫长4毫米，体黑色，鞘翅暗褐色，有光泽
（图10-11）。头部短小，触角锤状。卵椭圆形，约1毫米，乳白色。
幼虫肥胖，略向腹面弯曲，乳白色，头较小、黄褐色，口器色深
（图10-12）。蛹为裸蛹，长4毫米，初乳白色，后逐渐变深，羽化
前同成虫。

（2）发生规律　1年发生1代，以幼虫于坑道内越冬。第二年
春老熟幼虫于子坑道端蛀圆筒形蛹室化蛹。羽化后咬圆形羽化孔

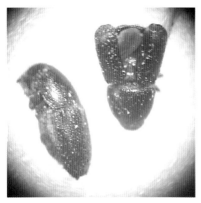

图 10-11　桃小蠹虫成虫　　　　　图 10-12　桃小蠹虫幼虫

爬出。6月间成虫出现，配对、交尾、产卵，多选择衰弱的枝干上
蛀入皮层，在韧皮部与木质部间蛀纵向母坑道，并产卵于母坑道
两侧。

　　成虫有假死性，迁飞性不强，通常就近在半枯枝或幼龄树嫁
接未愈合部产卵。孵化后的幼虫分别在母坑道两侧横向蛀子坑道，
略呈"非"字形，初期互不相扰近于平行，随虫体增长坑道弯曲

图 10-13　桃小蠹虫危害状

成混乱交错，常造成枝条甚至成株干枯死亡（图10-13）。

　　（3）防治方法

①加强果园管理，增强树势，提高树体抗性，可减少此虫的危害。

②结合果园修剪，彻底清除有虫枝和衰弱枝，集中处理。

③成虫出现时，药剂喷布树干、树枝。可选用阿维菌素乳油1 500倍液、菊酯类农药涂树干，半月涂1次，涂2～3次。

④在田间放置半枯死或整枝剪掉的树枝，诱集成虫产卵，产卵后集中处理。

⑤保护和引放天敌。在果树生长期，如果虫情不重，一般不要喷药，可利用天敌发挥其自然控制作用。发生较重的果园，要避免使用广谱性杀虫剂，以保护天敌。

12.叶螨 危害樱桃的叶螨有山楂叶螨、苹果叶螨、二斑叶螨。

（1）山楂叶螨 主要危害梨、苹果、桃、樱桃、山楂、李等多种果树。吸食叶片及幼嫩芽的汁液。叶片严重受害后，先是出现很多失绿小斑点，随后扩大连成片，严重时全叶变为焦黄而脱落，严重抑制了果树生长，甚至造成二次开花，影响当年花芽的形成和第二年的产量。

雌成螨卵圆形，体长0.54～0.59毫米，冬型鲜红色，夏型暗红色。雄成螨体长0.35～0.45毫米，体末端尖削，橙黄色。卵圆球形，春季产卵呈橙黄色，夏季产的卵呈黄白色。初孵幼螨体圆形、黄白色，取食后为淡绿色，3对足。若螨4对足。前期若螨体背开始出现刚毛，两侧有明显墨绿色斑，后期若螨体较大，体型似成螨。

北方地区1年发生6～10代，以受精雌成螨在主干、主枝和侧枝的翘皮、裂缝、根颈周围土缝、落叶及杂草根部越冬，第二年樱桃花后开始出蛰危害。出蛰后一般多集中于树冠内膛局部危害，以后逐渐向外膛扩散。常群集于叶背危害，有吐丝拉网习性。9～10月开始出现受精雌成螨越冬。高温干旱条件下发生并危害重。

（2）苹果叶螨 又名苹果红蜘蛛。北方发生普遍，危害苹果、月季、海棠、梨、樱桃等。雌成螨半卵圆形，体长约0.3毫米，体红色，足黄色，整个体背弓起，刚毛13对；雄成螨略小，腹末尖。卵葱头形，顶端有1个短柄，深红色。若虫有足4对，体色深红。

1年发生6～13代，以卵越冬，每年4月下旬开始孵化，这代孵化期较整齐，全年以6月下旬至7月上旬发生严重。雄虫多在叶背面活动，雌虫多在叶正面活动，一般不拉网。受害叶面有明显失绿斑点，一般不提前落叶。叶螨既可两性生殖，又可孤雌生殖，孤雌生殖后代均为雄螨。10月该螨进行两性生殖。

（3）二斑叶螨　成螨体色多变，有浓绿、褐绿、黑褐、橙红等色，一般常带红或锈红色。体背两侧各具一块暗红色长斑，有时斑中部色淡分成前后两块。体背有刚毛26根，排成6横排，足4对。雌体长0.42～0.59毫米，椭圆形，多为深红色，也有黄棕色的；越冬者橙黄色，较夏型肥大。雄体长0.26毫米，近卵圆形，前端近圆形，腹末较尖，多呈鲜红色。卵球形，长0.13毫米，光滑，初无色透明，渐变橙红色，将孵化时现出红色眼点。幼螨初孵时近圆形，体长0.15毫米，无色透明，取食后变暗绿色，眼红色，足3对。前期若螨体长0.21毫米，近卵圆形，足4对，色变深，体背出现色斑。后期若螨体长0.36毫米，黄褐色，与成虫相似。雄性前期若虫蜕皮后即为雄成虫。

二斑叶螨在北方1年发生12～15代，以受精的雌成虫在土缝、枯枝落叶下或小旋花等宿根性杂草的根际等处吐丝结网潜伏越冬。在树木上则在树皮下，裂缝中或在根颈处的土中越冬。当3月平均温度达10℃左右时，越冬雌虫开始出蛰活动并产卵。越冬雌虫出蛰后多集中在早春寄主如小旋花、葎草、菊科、十字花科等杂草和草莓上危害，第一代卵也多产这些杂草上，卵期10余天。成虫开始产卵至第一代幼虫孵化盛期需20～30天，以后世代重叠。在早春寄主上一般发生1代，于5月上旬后陆续迁移到果树、蔬菜上危害。由于温度较低，5月一般不会造成大的危害。随着气温的升高，其繁殖速度也加快，在6月上中旬进入全年的猖獗危害期，于7月上中旬进入年中高峰期。

二斑叶螨有很强的吐丝结网集合栖息特性，有时结网可将全

叶覆盖起来，并罗织到叶柄，甚至细丝还可在树株间搭接，螨顺丝爬行扩散。

（4）防治方法

①人工防治。早春越冬螨出蛰前，刮除树干上的翘皮、老皮、清除果园里的枯枝落叶和杂草，集中深埋或烧毁，消灭越冬雌成螨；春季及时中耕除草，特别要清除阔叶杂草，及时剪除树根上的萌蘗，消灭其上的二斑叶螨和山楂叶螨。

②药剂防治。发芽前，树上喷50%硫悬浮剂200倍液或5波美度石硫合剂，含油量3%～5%的柴油乳剂等，消灭在树上活动的越冬成螨。在樱桃硬核以后喷螺螨酯、四螨嗪、噻螨酮等预防。6～7月，要抓住害螨从树冠内膛向外围扩散初期防治，常用药剂有20%三唑锡悬浮剂1 500倍液、5%霸螨灵（唑螨酯）乳油2 500倍液、10%浏阳霉素乳油1 000倍液、1.8%齐螨素乳油6 000倍液。如果出现大量叶螨，各种药剂交替施用，连续喷2～3次，防止叶螨大发生。

③生物防治。主要是保护和利用自然天敌，或释放捕食螨。

13. **樱桃果蝇** 又称铃木氏果蝇、斑翅果蝇。

（1）**形态特征** 雄虫前翅前缘顶角处有明显的黑斑，雌虫没有（图10-14）。雌虫产卵管黑褐色，坚硬狭长，呈镰刀状，一侧有许多小锯齿。雌虫在将要成熟的樱桃果实上产卵。卵分布在果

图10-14　果蝇雌虫和雄虫（雄虫翅有黑斑）

实内，卵孵化后以幼虫蛀食危害，果实逐渐软化以致变褐腐烂。在变色期果实上产卵是樱桃果蝇的特点，其他果蝇卵产在自然损坏腐烂的果实上。卵白色，椭圆形，头部有两条细长的细带。从卵发育到成虫，需要8～14天，成虫羽化2～3天交配，以成虫越冬。雌虫繁殖能力强，一生产卵接近400粒。

（2）发生规律　果蝇对甜樱桃的危害程度因果实成熟度、果肉硬度及果实颜色不同而有差异。果实成熟度越高，果肉越软，危害越严重（图10-15）。成熟期相同的品种，果肉硬的品种受害率明显低于果肉软的品种。果实颜色不同受害率不同，橙色（黄红色）品种如那翁、巨红等受害最重，红色品种如红灯等受害次

图10-15　樱桃果蝇危害果实

之，纯黄色品种如13-33受害最轻。

樱桃果蝇全年活动时间长达8个多月，2月下旬开始出现第一代成虫，数量逐渐增多，6月中旬左右成虫数量达到最高峰，随着樱桃果实采摘结束和果味消失，果蝇成虫向其他树种成熟果实转移，樱桃园果蝇数量逐渐减少，到9月中旬樱桃园无果蝇成虫活动。

樱桃果蝇发生原因如下：一般春季持续低温多雨，樱桃果实成熟期较常年推迟5～7天，果蝇成虫产卵期、幼虫孵化、危害期与中晚熟品种果实成熟期基本吻合，造成果实蛀果率明显上升；樱桃果实生长期遭遇低温多雨天气，会使果实皮层韧性降低，有利于果蝇成虫产卵和幼虫危害；果园管理粗放，通风透光条件差，出现裂果，利于成虫产卵和幼虫危害。

（3）防治方法

①对中晚熟品种，如艳阳、拉宾斯、巨红等，适当提前采收，减轻蛀果率。

②彻底清园，压低虫口基数，减少发生量。一是樱桃果实膨大着色期，及时清除果园内外的杂草和垃圾。二是果实成熟时及时采收，成熟后尽快清出裂果、病虫果及残次果。三是采收后及时清除果园中的落果、烂果，集中深埋处理。四是秋末冬初冬剪后及时清除园内落叶、果枝，结合施基肥集中深埋或者集中烧毁。

③针对果蝇蛹在土壤表层和烂果上越冬的习性，入冬前应进行全面深翻耕，清理果园烂果，恶化果蝇越冬场所，降低虫口越冬基数。

④物理防控技术措施。利用糖醋液诱杀成虫，将糖：醋：果酒：橙汁：水按1.5：1：1：1：10的比例配制成糖醋液，于5月上中旬悬挂于果园树冠下部阴凉处，每亩悬挂8～10个，每周更换一次糖醋液，虫量大时或雨水多时应补充糖醋液。每500毫升糖醋液中再加入5克灭蝇灵，可提高诱杀成虫效果。使用性诱剂或悬挂粘虫板，每亩挂15～20个，可有效杀灭果蝇雄虫，干扰雌雄交配，降低虫口基数。樱桃果蝇对香蕉特别喜爱，也可以用香蕉引诱雌虫产卵。

⑤化学防控技术措施。地面防治，一般5月中旬左右在果园地面全面喷洒40%阿维菌素乳油或50%辛硫磷乳油400倍液，杀灭脱果幼虫或出土成虫，间隔15天喷1次，共喷2～3次。在樱桃果实膨大着色至成熟前，选用1.82%胺·氯菊酯烟剂，按1：1对水，用烟雾机顺风对地面喷烟熏杀成虫。树上防治，在樱桃果实成熟

前15天左右，树上喷洒植物性杀虫剂清源保（0.6%苦内酯）水剂1 000倍液、苦参碱、除虫菊素、鱼藤酮等，重点喷施树冠内膛，每隔7天喷1次，连喷2～3次即可。在树上防治的同时，在果园地埂杂草上喷洒无公害农药40%阿维菌素乳油1 500倍液或1%甲维盐3 000倍液和2%阿维菌素乳油4 000倍液。以后每隔7～10天再喷洒上述农药1次。注意：每次喷药中，如果再加入3%糖醋液，则效果会更好。

其他害虫有刺蛾等，可用甲维盐或者菊酯类农药防治。

二、主要病害及防治

1. 樱桃根癌病 由细菌侵染所引起的病害，在根颈部或侧根上以及树干上形成肿瘤（冠瘿病）。

（1）**症状** 发病初期，被害处形成灰白色的瘤状物，内部组织特软，表面粗糙。随着树体生长，瘤体不断增大，表面渐由白色变为褐色至暗褐色，表层细胞枯死，内部木质化，有时在肿瘤周围表面发生一些细根。癌瘤大小不一，形状不正，多球形或扁球形（图10-16）。根系发育不良，地上生长变弱，树龄缩短。

（2）**病原** 称根癌土壤杆菌，属细菌。病菌有三个

图10-16 樱桃根癌病症状

生物型：Ⅰ型和Ⅱ型主要侵染蔷薇科植物；Ⅲ型寄主范围较窄，只危害葡萄和悬钩子等植物。北方导致樱桃根癌病的菌株，属生物Ⅰ型和Ⅱ型。菌体短杆状，大小（1.2～3）微米×（0.4～0.8）微米，能游动，侧生1～5根鞭毛，革兰氏染色阴性，氧化酶阳性，在营养琼脂培养基上，产生较多的胞外多糖，菌落光滑无色，有光泽，有些菌株菌落呈粗糙形，好氧，适宜生长温度

25～30℃，pH5.7～9.2，最适pH7.3。该菌除侵害樱桃外，还危害葡萄、苹果、桃、李、梅、柑橘、柳、板栗等93科643种植物。

（3）发病规律　根癌细菌是一种土壤习居菌，在土壤中能存活很长时间，依土壤类型、含水量而异，存活时间变化很大，在土壤未分解病残体中可存活2～3年，细菌单独在土壤中只能存活1年，随病残体分解而死亡。雨水和灌溉水是传播的主要媒介，地下害虫、修剪工具、病残组织及污染有病菌的土壤也可传病，带菌苗木或接穗是远距离传播的重要途径。病菌通过伤口侵入，修剪、嫁接、扦插、虫害、冻害或人为造成伤口，病菌都能侵入。6～8月为病害高发期。土壤黏重、排水不良、土壤呈碱性的果园发病较重。

（4）防治方法

①选用无病地块作苗圃或种植禾谷类植物3年以上，切忌长期连年育苗；选用抗病砧木，嫁接宜采用芽接法，少用最好不用根枝嫁接法；选购和种植无病苗木；出圃苗木要严格淘汰和烧毁病苗，健苗可用生物抗菌剂K84或3～5波美度石硫合剂浸根消毒。

②加强肥水管理，促进根系健壮成长；避免在根颈部造成伤病，防止地下害虫，对已经出现的伤口要及时进行消毒保护。

③发现病瘤应彻底切除并烧毁，用1%硫酸铜或50倍液的抗菌剂402、5波美度石硫合剂、二氯异氰尿酸等消毒切口，外涂波尔多液（1∶1∶150）保护；也可以用浓度为400毫克/升的链霉素涂切口，外涂凡士林保护。

④对已发病植株周围的土壤用生物抗菌剂K84或2 000倍的抗菌剂402浇灌消毒。对病株要在治疗的同时着重加强肥水管理，促使树势恢复。

2.流胶病　流胶病是甜樱桃一种极为普遍的病害，不易彻底根治。植株流胶则造成树势衰弱，影响树体生长和果品质量，重则会引起死枝、死树，对甜樱桃的生产影响较大。

（1）发病原因　樱桃树发生流胶的原因比较复杂，凡使树体正常生长发育产生阻碍的因素都可能引起流胶。一是由于寄生性真菌、细菌危害，如干腐病、腐烂病、穿孔病等均能引起流胶。二是虫害，特别是蛀干害虫所造成的伤口诱发流胶，如吉丁虫、红颈天牛等。三是根部病害也能引起流胶，如根癌病、根腐病。四是机械损伤，过重修剪，剪锯口，以及冻害、日灼等也能引起流胶。五是建园不合理。土壤黏重，通气不良，排水不良，园区积水过多，土壤湿度过大，使树体产生生理障碍，也能引起流胶。

（2）症状　此病多发生于枝干，主干和主枝树杈处更易发生（图10-17）。初期病部略膨胀，微胀肿，暗褐色，表面湿润，逐渐溢出柔软、半透明的胶质，雨后加重，胶质与空气接触后逐渐成晶莹、柔软的冻胶状，几乎透明，失水后呈黄褐色，干燥时变黑褐色，表面凝固。严重时树皮开裂，其内充满胶质，皮层坏死。随着流胶数量的增加，树龄的加大，果品产量的增加，由流胶诱致腐生菌的侵染，树体生长日趋衰弱，叶色变黄，甚至枯死。

图10-17　樱桃树干流胶病

（3）发病规律　当气温在15℃时樱桃侵染性流胶病病枝病部开始渗出胶液。随着气温升高和降水量增加，树体流胶点增多，病情加重。此病在每年5～6月发病病斑增多，为第一次发病高

峰，7月气温高于32℃时则停止发病，9月气温低于30℃时进入第二次发病高峰，发病速度强度明显高于第一次。黏重土壤地、河滩地、低洼地、酸性土壤发病明显高于其他地块，降雨多的年份发病高于降雨少的年份，衰弱植株、老龄树、施氮肥多、旺长、修剪量大、病虫害严重的树比幼龄树、壮树、施有机肥多长势中庸的树发病重。

（4）防治方法

①合理建园，改良土壤。甜樱桃适宜在沙质壤土和壤土上栽培，加强土、肥、水管理，提高土壤肥力，增强树势，不在土壤黏重、通气不良和排水不便的地方建园。

②合理修剪。一次疏枝不可过多，避免造成较大的剪锯口伤，避免流胶或干裂，削弱树势。树形紊乱，非疏除不可时，也要分年度逐步疏除，掌握适时适量为好。

③加强土壤管理。樱桃树不耐涝，雨季要防涝，及时中耕松土，改善土壤通气条件。

④枝干涂白。冬春季树干、大枝涂白，防日灼、冻害。涂白剂配制方法：生石灰6千克，氯化钠1.5千克，大豆汁或豆面0.3千克，水20千克。先把优质生石灰用水化解开，再加入大豆汁和氯化钠，搅拌成糊即可。

⑤药剂防治。芽膨大前，喷洒石硫合剂加80%五氯酚钠200～300倍液，铲除越冬病菌。刮治病斑，除掉腐烂树皮，尽量减少机械损伤，再用3～5波美度石硫合剂、辛菌胺、二氯异氰尿酸、双氧水、过氧乙酸、枯草芽孢杆菌、蜡质芽孢杆菌等，连续3次涂抹病斑，对病斑防效可达70%～90%，效果比较明显。用辛菌胺防病时顺便喷树干，也有很好的防治效果。

总之，樱桃树流胶病的防治，要以加强果园的综合管理、多施有机肥、增加土壤通透性、增强树体的抗病能力为主，配以适当的药剂防治为辅，才能更好地预防流胶病发生，提高经济效益。

3. 干腐病

（1）症状 多发生于主干、主枝上。发病初期，病斑暗褐色，不规则形，病皮坚硬，常溢出茶褐色黏液，称为"冒油"。病部干缩凹陷，周缘开裂，表面密生小黑点，重者引起全枝死亡（图10-18）。

图10-18　樱桃干腐病症状

（2）防治方法　增施基肥，加强管理，使树势健壮，减少病菌感染机会。发现病斑，要及时将病斑刮除，刮后用石硫合剂原液、溃腐灵或者戊唑醇进行消毒，及时剪除病枯枝，减少病菌来源。

4.腐烂病

（1）症状　多发生于主干、主侧枝及枝杈等处。发病初期，病斑红褐色，水渍状，隆起，形状不规则。病部皮层组织腐烂，红褐色，有酒糟味，病皮易剥落。春季发病盛期，病部表皮常流出褐色汁液。发病后期，病部干缩下陷，呈黑褐色，其上产生小黑点。因各地气候条件不同，发病时期有差异。山东地区一般从2月下旬开始发病，3～4月发病数量最多，5～6月次之，7～8月发病较少，9月以后发病又有回升，11月后病害停止发展。

（2）防治方法

①加强栽培管理，增强树势，提高抗病能力。

②及时剪除病枯枝，清除病树及残桩等，集中烧毁。剪锯口周围死伤组织应涂煤焦油保护或涂石硫合剂原液杀菌，避免感染。

③在发芽前，刮净病斑和粗翘皮之后，全树喷一遍5度石硫合剂，对刮除的病疤要涂药保护。有病斑参照干腐病治疗。

④冬前及时进行果树涂白，预防冻害。

5.病毒病

（1）种类及症状　由病毒侵染引起的病害称病毒病。它是影响樱桃产量、品质和寿命的一类重要病害，欧美各国已有较深入的研究，有记载的甜樱桃病毒病多达几十种，例如樱桃衰退病、樱桃黑色溃疡病、樱桃粗皮病、樱桃小果病、樱桃卷叶病、樱桃

斑叶病、樱桃锉叶病、樱桃坏死环斑病、樱桃坏死锈斑驳病，樱桃花叶病等（图10-19）。

图10-19　樱桃病毒病症状

　　（2）防治方法　果树一旦感染病毒则不能治愈，因此只能用防病的方法。首先要隔离病源和中间寄主。发现病株要铲除，以免传染。对于野生寄主（如国外报道的苦樱桃树）也要一并铲除。观赏的樱花是小果病毒的中间寄主，在甜樱桃栽培区也不要种植。第二要防治和控制传毒媒介。避免用带病毒的砧木和接穗来嫁接繁殖苗木，防止嫁接传毒；不要用染毒树上的花粉来进行授粉；不要用种子来培育实生砧，因为种子也可能带毒；要防治传毒的昆虫、线虫等，如苹果粉蚧、某些叶螨、各类线虫等。第三要栽植无病毒苗木。

6.**樱桃褐斑病** 为甜樱桃最主要的叶片病害，可危害叶片、新梢和果实。

（1）**症状** 5月上旬被侵染叶片上形成针头大的紫色小斑点，病痕分布在坏死的红褐色斑周围，随后扩大到直径为0.4～0.5厘米大小，中心部分变成浅褐色，边缘呈红褐色，一些合并的病痕形成大的死亡区域，上生黑色小点粒，即分生孢子块及子囊壳。最后病斑干缩，脱落成孔（图10-20）。这种病害早期引起落叶，削弱树势，导致减产。

图10-20　樱桃褐斑病症状

（2）**发病规律** 病菌以菌丝体在病叶上越冬，也可以子囊壳越冬，第二年气温回升遇雨，产生子囊孢子或者分生孢子，借风、雨传播，一般5～6月开始发病，8～9月进入发病盛期。

（3）**防治方法**

①加强栽培管理，增施磷钾肥和有机肥，增强树势，提高树

体的抗病能力，结合剪枝，彻底剪除病枯枝，清扫落叶落果，集中深埋或烧毁，以消灭越冬病原。

②发芽前喷4～5波美度石硫合剂，落花后喷70%代森锰锌可湿性粉剂600倍液，或70%甲基硫菌灵可湿性粉剂800倍液，或75%百菌清500～800倍液。5～6月可喷布65%代森锌500倍液，或1∶1∶180～200倍波尔多液或多宁，7～9月喷三唑类药或者多抗霉素、春雷霉素等，也可以用哈茨木霉菌、枯草芽孢杆菌、中生菌素等菌类农药，各药液每15～20天喷1次，交替使用。

7. 樱桃叶斑病

（1）症状　主要危害樱桃叶片，也危害叶柄和果实。受害叶片在叶脉间形成褐色或紫色近圆形的坏死病斑，叶背产生粉红色霉状物，病斑夹合可使叶片大部分枯死造成落叶（图10-21）。有时叶柄和果实也能受害，产生褐色斑。此病不论是甜樱桃还是酸樱桃都能发生，造成落叶，严重影响树体发育。

图10-21　樱桃叶斑病引起早期落叶

（2）防治方法　参照樱桃褐斑穿孔病。

8. 灰霉病　又叫菌核病，属真菌病害。

（1）症状　侵染花、果和叶片，主要危害樱桃果实。叶片偶有发病，多发生在展叶期，开始产生不太明显的褐斑，后扩展到全叶，叶上生灰白色粉状物。花受侵染时，花器于落花后变成淡褐色，枯萎，长时间挂在树上不落，表面生有灰褐色粉状物。幼果发病初期，在果实表面产生针头大小的褐色小点，后扩大成茶褐色病斑，造成腐烂，或病斑凹陷，成为畸形果，发病部位产生灰褐色粉状物。果实近成熟时发病，病果呈褐色软腐，病斑扩展迅速，很快发展到全果，病果表面产生灰色霉层。裂果、虫伤、湿度大、树冠郁闭的樱桃果实易发病。

（2）发病规律　病菌以菌核、菌丝、分生孢子在病残体内越冬，第二年春季产生分生孢子，借气流、水分传播，适宜温度为15～20℃。保护地栽培，棚内湿度大，温度低，发病重。

（3）防治方法

①多施有机肥，防止果园郁闭，搞好果园卫生，摘除病果，落叶清除并及时烧毁。

②开花后剪除病花，深埋，可减少菌源；合理修剪，改善果园通风透光条件，降低果园湿度。

③萌芽前喷5波美度石硫合剂，幼果期喷1～2次70%甲基硫菌灵600～800倍液或50%异菌脲1 000～1 500倍液，发病初期喷50%腐霉利1 000～1 500倍液和啶酰菌胺等。也可以用枯草芽孢杆菌、中生菌素、木霉菌等菌类药防治。

9. 樱桃炭疽病

（1）症状　主要危害樱桃果实、叶片、新梢。果实上的病斑初为茶褐色凹陷状，以后病斑上形成带有黏性的橙黄色孢子堆。幼果发病少，以成熟前7～10天的果实发病多。开花前后在幼嫩叶上形成茶褐色的圆形病斑，病斑相互愈合可引起叶片穿孔（图10-22）。6月叶片变硬、病斑粗糙，呈黑褐色不规则

图10-22　樱桃炭疽病症状

病斑。严重时可引起落叶使芽枯死。

（2）**发病规律**　病菌以菌丝在枯死的病芽、枯枝、落叶及僵果等处越冬，第二年春季产生分生孢子，借风雨传播危害。该病在生长期可侵染樱桃芽、叶及果实，也可在采收后及运输过程中发病，翌春4月中下旬产生分生孢子，借风雨传播，侵染新梢和幼果。5月初至6月发生再侵染。7～8月为侵染盛期，高温多雨发病重。

（3）**防治方法**

①冬季清园。结合冬季整枝修剪，彻底清除树上的枯枝、僵果、落果，集中烧毁，以减少越冬病原。加强果园管理。注意排水、通风透光，降低湿度，增施磷、钾肥，提高植株抗病能力。

②落花后7～10天喷1次70%甲基硫菌灵800倍液，硬核后喷保护性杀菌剂，如代森锰锌、丙森锌等和杀菌剂咪鲜胺、苯醚甲环唑、异菌脲等。7～8月多雨季节可以喷波尔多液、多宁、代森锰锌、科博（波尔多液+代森锰锌）、必备（波尔多液）等，发病时可以喷苯醚甲环唑、咪鲜胺、溴菌清等。也可以用一些菌类药防治。

10.樱桃褐腐病

（1）**症状**　主要危害花、果，也侵染幼叶和嫩梢（图10-23、图10-24）。叶片染病，多发生在展叶期的叶片上，初在病部表面现不明显褐斑，后扩及全叶，上生灰白色粉状物。嫩果染病，表面初

图10-23　樱桃褐腐病症状

现褐色病斑，后扩及全果，致果实收缩，成为灰白色粉状物，即病菌分生孢子。病果多悬挂在树梢上，成为僵果。

（2）发病规律　病菌主要以菌丝在僵果及枝梢溃疡斑中越冬，第二年产生大量的分生孢子，由分生孢子侵染花、果、叶，再蔓延到枝上。花期低温多雨潮湿，易引起花腐，后期温暖多雨多雾易引起果

图10-24　樱桃褐腐病嫩梢症状

腐。大棚湿度大，通风不良，发病重。病菌主要以菌核在病果中越冬，第二年4月从菌核上生出子囊盘，形成子囊孢子，进行广泛传播。落花后遇雨或湿度大易发病。

（3）防治方法

①消灭越冬菌源，彻底清除病僵果、病枝，集中烧毁。结合果园翻耕，将僵果埋在10厘米以下。

②发芽前喷3～5波美度石硫合剂。在初花期，落花后喷50%腐霉利1 000倍液，50%异菌脲1 000～1 500倍液或者枯草芽孢杆菌等。

③在硬核后连续阴雨天用弥雾机喷50%异菌脲1 000倍液、24%氰苯唑2 500～3 000倍液与多宁或者三唑类交替使用。樱桃幼果期对农药较为敏感，三唑类药谨慎施用。也可以用菌类药物防治。

11. 樱桃树木腐病

（1）症状　在枝干部的冻伤、虫伤、机械伤等各种伤口部位，散生或群聚生病菌小型子实体，为其外部症状。被害木质部形成不甚明显的白色边材腐朽。

（2）发病规律　病菌以菌丝体在被害木质部潜伏越冬，第二年春当气温上升至7～9℃时继续向植株健部蔓延活动，16～24℃时扩展比较迅速，当年夏秋季散布孢子，自各种伤口侵染危害。

衰弱树、濒死树易感病。伤口多而衰弱的树发病常重。

（3）防治方法

①加强果园管理，增强树势。对重病树、衰老树、濒死树，要及时挖除烧毁，增施肥料，合理修剪。

②经常检查树体，发现病菌子实体迅速连同树皮刮除，并涂1%硫酸铜液消毒。

③保护树体，减少伤口。对锯口要涂波尔多液或煤焦油、1%硫酸铜液。

④果园不要连作，即苹果、梨、桃等果园，将老果树砍伐后，要用豆类等农作物轮作至少3年后再建樱桃园，不要砍伐后在原址立即建新园。

12.细菌性穿孔病　由黄单胞杆菌或假单胞杆菌引起。

（1）症状　主要危害甜樱桃叶片、嫩梢。发病初期叶片上出现半透明水渍状淡褐色小点，扩大成紫褐色至黑褐色圆形或不规则形病斑，周围有水渍状淡黄色晕环（图10-25）。病斑干枯，病、健交界处产生一圈裂纹，病斑脱落形成穿孔。果实染病形成暗紫色、中央稍凹陷的圆斑，边缘水渍状。春季枝条染病后，发生于上年已被侵染的枝条上，春季当新叶出现时，枝梢上形成暗褐色水渍状小疱疹块，可扩展至1～10厘米，但宽度不超过枝条直径的1/2，有时可造成枯梢现象。多以皮孔为中心，圆形或椭圆形，

图10-25　樱桃细菌性穿孔病症状

中央稍凹陷，最后皮层纵裂后溃疡。夏季溃疡斑不易扩展，但病斑多时也可致枝条枯死。

（2）**发病规律**　病菌在落叶或枝条病组织内越冬。第二年随气温升高，潜伏在病组织内的细菌开始活动。樱桃开花前后，细菌从病组织中溢出，借助风、雨或昆虫传播，经叶片的气孔、枝条和果实的皮孔侵入。叶片一般于5月中下旬发病，夏季如干旱，病势进展缓慢，到8～9月秋雨季节又发生后期侵染，常造成落叶。温暖、多雾或雨水频繁适于病害发生。树势衰弱或排水不良、偏施氮肥的果园发病常较严重。

（3）**防治方法**

①加强果园管理。增施有机肥，避免偏施氮肥。注意果园排水。合理修剪，降低果园湿度，使通风透光良好。

②秋后结合修剪，彻底清除枯枝、落叶等，集中烧毁。樱桃要单独建园，不要与桃、李、杏等核果类果树混栽。樱桃园应建在距离桃、李、杏园较远的地方。

③药剂防治。发芽前喷5波美度石硫合剂或1∶1∶100倍式波尔多液，发芽后喷72%农用链霉素可湿性粉剂3 000倍液或硫酸链霉素4 000倍液或蜡质芽孢杆菌、中生菌素等菌类药剂，每隔15天喷洒1次，连续喷2～3次。

13. 根部病害　有白绢病、白纹羽、紫纹羽、圆斑根腐病和根朽病等，均为真菌病害，这几年有上升的趋势。

（1）**症状**　白纹羽主要发生在茎基部，又称茎基腐病。白绢病发生初期细根霉烂，以后扩展至侧根、主根，地上部出现灰白色布状物。紫纹羽症状与白纹羽相似。根朽病主要危害茎基部与主根，病组织有蘑菇味，在潮湿环境中茎基部常丛生蜜黄色蘑菇状子实体。圆斑根腐病症状是须根发病，逐渐侵染肉质根，须根形成红褐色圆斑。

（2）**防治方法**

①加强排水，起垄栽培，增施有机肥，增加土壤通透性，苗木栽植不要过深，避免重茬地建园。

②栽植前用五氯硝基苯、多菌灵等进行土壤消毒，发现病害后挖开晾根，并用43%戊唑醇2 000倍液和多菌灵600倍液灌根，或者1%硫酸铜灌根，也可以栽植前用枯草芽孢杆菌或者哈茨木霉菌蘸根，或者定期灌根。

为保护环境，建议保护天敌和多用如寡雄腐霉、哈茨木霉菌、春雷霉素、井冈霉素、枯草芽孢杆菌、蜡质芽孢杆菌、荧光假单胞杆菌、中生菌素、苦参碱、鱼藤酮、苏云金杆菌、白僵菌、绿僵菌，石硫合剂，波尔多液等生物，菌类和无机杀菌杀虫剂。特别注意，菌类药物不能和杀菌剂混用，也不能在夏季高温太阳直射下用，最好在上午10时前或下午4时后使用。

第十一讲
果实的采收、分级及储运

一、适时采收

适时采收是保证甜樱桃丰产丰收、提高品质的重要环节。甜樱桃采收期主要根据果面着色而定：黄色品种底色褪绿，由白变黄，并有着色的红晕；红色或紫色品种果面全面红色或紫色，即进入采收期。一般来说，合适的采收时期也是甜樱桃果实最鲜艳美观的时期，不够鲜艳则采收过早，颜色过深则采收过迟。

目前部分甜樱桃生产者为了提前上市争取较高的销售价格，常常过早采收。这里需要强调的是，早采对甜樱桃产量和品质都有严重影响。试验表明，甜樱桃在果实成熟过程中，从开始上色到充分上色，果实的大小能增长35%，可溶性固形物含量不断提高，风味不断改善（图11-1）。因此，提

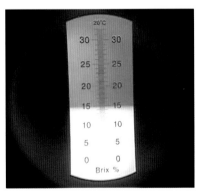

图11-1　测糖仪测含糖量

倡适当晚采甜樱桃，既可增加产量，又可为市场提供优质的果品。另外，喷乙烯利等激素虽然能使果实提早成熟，但影响品质，不宜应用。

不同地区和不同品种采收时期不同，在不同年份往往因气候影响使采收期提前或推迟，一般天气干燥时成熟提前，天气冷凉湿润时成熟期推迟。另外，一棵树上的果实成熟期也不尽一致，一般树冠上部及外围开花早的果实成熟早，树冠下部及内膛开花迟的果实成熟晚。在采收时要分期分批进行，一般早晚可相差1周。

二、采收方法

由于樱桃果实不耐机械损伤，因此主要靠人工采摘。在美国和日本等发达国家，鲜食樱桃也是人工采摘的，采摘时手拿果柄，用食指顶果柄基部，轻轻掀起即可连果柄采下。采摘时不能直接往下拉，以免损伤结果枝进而影响来年的产量。

三、分级包装

甜樱桃在我国目前栽培面积小，产量不多，所以尚未形成一个规范化的分级标准。在实际操作时可分成三级：最好的可算特级，要求果实个头大，例如红灯单果重要在10克以上，颜色深红，果实端正，无畸形果、病虫果、碰伤果；中等的可算一级果，要求单果重8～10克，颜色比特级略差一点，其他要求一样；较差的为二级果，单果重8克以下，颜色较差（图11-2、图11-3）。各个品种分级不

图11-2　人工分级

同，如美早个头大，一级果要求也大。

甜樱桃果实分级见表11-1。

表11-1 甜樱桃果实分级

等级	单果重（克）	果实横径（毫米）	着色面	要求	备注
特级果	≥12	≥25	着色全面	果形端正，果面鲜艳光洁，无裂口、病虫害、磨伤、碰压伤、果锈、污斑、日烧等，带有完整新鲜的果柄	各品种要具有该品种的典型色泽和品种特征
一级果	8.0～11.9	≥22	着色全面	果形较端正，果面鲜艳光洁，无裂口、病虫害、磨伤、碰压伤、果锈、污斑、日烧等，带有完整新鲜的果柄	
二级果	6.0～7.9	≥15	着色较全面	有少量畸形果，果面鲜艳光洁，无裂口、病虫害、磨伤、碰压伤、果锈、污斑、日烧等，带有完整新鲜的果柄	
三级果	4.0～5.9	≥10	着色较全面	有少量畸形果，果面鲜艳光洁，无裂口、病虫害、磨伤、碰压伤、果锈、污斑、日烧等，带有完整新鲜的果柄	
等外果	畸形果，有裂口、病虫害、磨伤、碰压伤、果锈、污斑、日烧等的果实				

　　甜樱桃是水果中之珍品，采用合适、精美的包装，不仅可减少储运过程中的损失，而且能保持新鲜的品质，提高美感和商品价值。一般可用手提式纸盒等包装（图11-4至图11-7）。

图11-3　用樱桃规格卡分级

图11-4　果实摆放整齐

图11-5　樱桃纸箱或泡沫箱包装

图11-6　樱桃小包装　　　　　图11-7　樱桃礼品盒包装

四、储藏和运输

甜樱桃是早熟水果，一般上市越早，经济价值越高，所以不存在长期储藏问题。但是为了均衡市场供应，延长供应时期，对晚熟品种还需要储藏保鲜。可储藏在-1～1℃的冷库中，基本保持新鲜，有效期为15～30天。要进行长途运输的樱桃果实，采收的成熟度不宜过高，一般以8～9成熟为宜。包装箱或包装盒内的樱桃要比较紧密，振动时互相之间不会擦伤。果箱高度不要超过20厘米，盛装不超过20千克。长途运输最好用空运，可以采用水预冷，全冷链运输。

附　录

一、甜樱桃周年管理工作历

时间	作业内容	目　　的
休眠期（11月至翌年3月）	1. 刮除老树皮，锯除死枝和病虫枝，清理果园，扫除落叶，并集中销毁或者深埋	消灭越冬病虫源，主要是吉丁虫、透翅蛾、介壳虫、绿盲蝽、褐斑病、细菌性穿孔病、叶斑病、干腐病
	2. 3月下旬发芽前喷5波美度石硫合剂，适当晚喷，有效杀灭越冬病虫和卵，降低病虫基数	铲除枝干病虫源，主要是防治介壳虫、细菌性穿孔病、干腐病等
	3. 进行整形修剪，依照因树修剪、随树造型、有形不死、无形不乱的方针，控上促下、控外促内，防止上强，去除病虫枝、重叠枝、并生枝；对内部空缺的，于3月8日至25日刻芽，直立枝进行拉枝	培养良好的树体结构，促发短枝和花束状果枝

（续）

时间	作业内容	目　的
4月 （开花坐 果期）	1. 施肥浇水，4月上旬幼树和初果树株施复合肥0.5～1千克，结果树株施1～2千克；结合施肥进行浇水，并注意防止晚霜危害	促进开花坐果和枝叶生长
	2. 初花期前喷1%白糖＋0.2%硼砂，盛花末期喷0.2%尿素＋0.3%硼砂，人工授粉，放蜂、摘心、疏花疏果	提高坐果率和果品质量
	3. 展叶后至4月下旬喷70%代森锰锌600～800倍液，或50%多菌灵600倍液，或50%异菌脲1 000～1 500倍液，或10%多氧霉素1 000～1 500倍液，或多宁，或10%吡虫啉3 000倍液，或22.4%螺虫乙酯1 000倍液，或10%氯氰菊酯2 000～2 500倍液，或25%灭幼脲3号1 000倍液，或甲维盐等	预防穿孔病、叶斑病、早期落叶病、褐腐病、炭疽病、绿盲蝽、金龟子、桑盾蚧、苹小卷叶蛾等，各药应交替使用
5～6月	1. 果实膨大期浇1次水	促进果实膨大
	2. 5月上旬硬核后对幼旺树重摘心，5月中旬后对树冠外围新梢喷1次200倍的PBO	减轻生理落果，促进花芽形成
	3. 预防鸟害，适时采收	
	4. 硬核后、采果后各喷尼索朗或四螨嗪或乙螨唑或螺螨酯，或70%代森锰锌600～800倍液，或50%异菌脲1 000～1 500倍液，或10%多氧霉素1 000～1 500倍液，或腐霉利，喷三唑类杀菌剂和多宁、必备、科博、波尔多液等保护剂，6月下旬喷1.8%阿维菌素3 000倍液、50%多菌灵600～700倍液；菊酯类、酰胺类、甲维盐等杀虫剂和25%灭幼脲3号1 000倍液或者菌类制剂	防治红蜘蛛、防治穿孔病、叶斑病、落叶病、炭疽病、苹小卷叶蛾、梨小食心虫等，各药应交替使用
	5. 6月底喷1次1∶1∶200的波尔多液	
	6. 采果后施"月子肥"，以低氮高磷钾肥为主，可以用磷酸二铵和硫酸钾按1∶1复配，按树大小株施1.5～2.5千克，施肥后浇水	防止旺长，有利花芽分化和提高抗病性；增加营养，促进花芽分化

（续）

时间	作业内容	目　的
7～10月	1. 利用昆虫的假死性、群居习性捕杀害虫；树干涂药，针管注射等	防治吉丁虫、金龟子类、毛虫、天牛、蠹虫等
	2. 7月底喷1次1：1：200倍的波尔多液	防治大樱桃落叶病、叶斑病、穿孔病和苹小卷叶蛾、刺蛾、舟形毛虫、梨花网蝽、小叶蝉等
	3. 8～9月喷10%吡虫啉3 000倍液，或啶虫脒、噻虫嗪，或10%氯氰菊酯2 000～2 500倍液和氯虫苯甲酰胺、甲维盐等；三唑类杀菌剂或者生物、菌类药剂	
	4. 8月中旬至9月中旬拉枝，适宜角度为70°～80°	促花，改善树体结构
	5. 9月下旬至10月控水控长	增加储备营养
	6. 8月底至10月结合深翻扩穴秋施基肥，有机肥要求充分腐熟，挖沟集中施用，同时加钙镁磷肥或者硅钙镁肥；秋梢停长，速效肥可以高氮磷钾肥；施肥后浇水	有利于树叶养分回流，增加储备营养，增加抗逆性，有利于第二年开花坐果
	7. 10月下旬至11月上旬，落叶前喷1次5%尿素加1%硼砂，或硼砂加葡萄糖	

二、大棚樱桃管理口诀

(根据网络资料修改整理)

反季栽培效益高，啥时升温掌握好。
落叶之后方休眠，记好时间是关键。
时间到了一千一，浇水升温正适宜。
如果提前十来天，必须施用破眠剂。
破眠用后浇透水，保持棚内5度温。
发现棚内湿度小，及时喷水少不了。
升温以后要清园，杀虫杀菌喷一遍。
石硫合剂喷五度，芽前二十天最好。
头次施用促控剂，露青露红正适宜。
同时给树补营养，尿素浓度零点三（百分）。
盛花期间要补硼，花落多半九二零。
花前及时补点水，花后膨果浇透地。
这些不用再细道，温度管理有妙招。
做到两高和一低，棚内挂果数第一。
升温当天用高温，巨增棚温与地温。
三天过后要回落，棚温回落十二一。
缓慢升至二十一，最高不超二十五。
直至果树到花期，花期温度十七八。
最高不能过二十，每年果儿准成串。
光有温度也不行，湿度也要提一提。
刚刚升温八九十，缓降花前六七十。
花期一到不能高，五十、六十为最好。
盛花湿度别过低，否则影响授粉率。
这些我们都知道，每日安排再磨叨。
每天人人要早起，棚满阳光把棚起。
若遇高温别着急，起棚开风头步棋。

若遇阴天不必慌，照样起棚见散光。

阴雨下雪别怠慢，人工补光很关键。

扣棚升温浇大水，花前小水紧跟随。

花后膨果再一遍，棚内风口别关严。

增温降温一招鲜，尽量少用短时间。

下午关风有学问，分期分批关两回。

光有这些还不行，病害防治不能停。

蜂箱搬出即喷药，虫害病害防治好。

多种病害齐为害，为害最恨数灰霉。

灰霉病害不可怕，灰霉原粉用一下。

浇水防病要同时，熏剂就用防霉剂。

谈完这些说追肥，尽量少用无机肥。

生物菌肥用一遍，果大色艳口味甜。

转眼花落四十天，果香怡人飘满园。

红灯、红艳和红蜜、美早、先锋、拉宾斯。

布鲁克斯、萨米脱、含香、胜利和友谊。

摘果以后别松懈，月子追肥要及时。

有机粪肥多用点，生物菌肥要多追。

无机化肥用少量，绿色生态益健康。

撤棚以后别松气，管理可别当儿戏。

撤棚落叶很严重，唑醇喷施要一定。

雨前雨后杀菌剂，波尔多液要喷齐。

虫害防治挺关键，因虫施药定美餐。

通过喷药这几遍，斑点落叶全不见。

秋施基肥别忘记，九月十月要用齐。

只要做到这几点，来年又是丰收年。

参考文献

胡霭堂, 1995. 植物营养学: 下册 [M]. 北京: 中国农业大学出版社.

黄贞光, 等, 2014. 近20年国内外甜樱桃产业发展动态及对未来的预测 [J]. 果树学报, 31(增刊): 1-6.

李晓军, 等, 2010. 樱桃病虫害防治技术 [M]. 北京: 金盾出版社.

陆景陵, 1994. 植物营养学: 上册 [M]. 北京: 中国农业大学出版社.